"十三五"职业教育规划教材

SHISANWU ZHIYE JIAOYU GUIHUA JIAOCAI

（第二版）

中国园林史

齐海鹰　审

孔德建　编

中国电力出版社

CHINA ELECTRIC POWER PRESS

内 容 提 要

本书为"十三五"职业教育规划教材。书中对中国园林进行了较为深入、翔实的介绍。主要内容包括中国园林的历史分期，园林发展的历史背景，园林类型，代表性园林及其风格特色，中国园林的造园要素等。全书概括全面，重点突出，图文精美，简洁明了。

本书主要作为高等职业院校园林、建筑、规划、环境艺术、旅游等专业的教材，也可供广大园林艺术爱好者学习参考。

图书在版编目（CIP）数据

中国园林史／孔德建编. —2 版. —北京：中国电力出版社，2015.8（2020.5重印）
"十三五"职业教育规划教材
ISBN 978 – 7 – 5123 – 8135 – 3

Ⅰ. ①中⋯　Ⅱ. ①孔⋯　Ⅲ. ①园林建筑 – 建筑史 – 中国 – 高等职业教育 – 教材　Ⅳ. TU – 098.42

中国版本图书馆 CIP 数据核字（2015）第 180037 号

中国电力出版社出版、发行

（北京市东城区北京站西街 19 号　100005　http：//www.cepp.sgcc.com.cn）
北京瑞禾彩色印刷有限公司印刷
各地新华书店经售

*

2008 年 3 月第一版
2015 年 8 月第二版　　2020 年 5 月北京第九次印刷
787 毫米×1092 毫米　16 开本　11 印张　266 千字
定价 **45.00** 元

前 言

中国园林史是园林技术、园林工程技术等专业的重要课程之一。据此，我们根据教学需要，参照中国园林史课程教学的基本要求，编写了本书。学习中国园林史，目的是要认识中国园林发生、发展变迁的历史规律，继往开来，为今后的园林建设提供重要的历史借鉴。本书对中国园林作了较为深入而翔实的介绍，主要介绍了中国园林的历史分期，园林发展的历史背景，园林类型，代表性园林及其风格特色，中国园林的造园要素等。

本书在编著过程中，参阅了大量著作文献，特别对安怀起先生、周维权教授等资深园林史前辈及其他文献作者深表谢意。本教材可作为高职院校园林、建筑、规划等专业的教材，也可为相关专业的广大师生参考借鉴。

本书由山东城市建设职业学院孔德建编写，山东城市建设职业学院齐海鹰副教授审阅了全书。由于编者水平有限，书中难免有不当之处，敬期读者、同行指正！

编 者

Contents
目录

绪 论

中国古代园林，也称中国传统园林或古典园林，它历史悠久，文化含量丰富，个性特征鲜明而又多彩多姿，极具艺术魅力，为世界三大园林体系之最。在中国古代各建筑类型中它可算得上是艺术的极品。它在近五千年的历史长河里，留下了深深的履痕，也为世界文化遗产宝库增添了一颗璀璨夺目的东方文明之珠。

中国园林源远流长，博大精深。中国园林以"天人合一"的哲学思想为基础，不仅汇集了自然山水之美，而且汇集了各种艺术美和人工技巧。中国园林依其风格可分为北方的皇家园林和南方的私家园林。前者由以自然山水为核心思想的风景式园林和以"天人合一"为核心思想的祭祀式园林两大体系组成，多为大型人工山水园和大型自然山水园；后者则由江南园林和岭南园林两大体系组成，多为庭院式或小型的人工山水园。前者豪华富丽，规模宏大，以颐和园、北海、天坛为代表；后者精巧素雅，玲珑多姿，以苏州、扬州、广东、福建的园林为典型。在构成中国古典园林的建筑、山水、花草诸要素中，"山水"在中国园林所占的地位最为突出，可以说中国园林的独特之处就在于映写了自然山水之美。中国园林艺术的创作构思是画论里糅进诗意，是以具体的山水画稿组成的风景诗，是大自然美的缩影，它妙在含蓄，曲折万变，面面生景，处处有情。造园专家在园林游览空间的组织处理上灵活而经意，以各种艺术手法，把有限的空间无限的引申和扩展，无论是广袤的云霞星空，岱山塔影，还是近处的荷花游鱼，寸草片石，都能组织到园林的观赏空间里，成为园林的有机组成部分。中国园林内外到处都有历代文人墨客留下的描山状景、借景抒情的对联匾额、碑碣题刻，它们恰如点睛之笔，深化了景点主题，增添了园林意境的感染力，启迪游人画中游，诗中行。皇家园林自有一批御用文人舞文弄墨，而私家园林更由诗人、画家直接或间接参与了设计和建造，因而其蕴籍深厚。

中国园林历史悠久、渊源深厚。我国园林有史可稽的历史是从殷周开始的，当时人们于山野之间，设置围栏、住舍、仓库等，使自己可以安全方便地置身于山水原野之中，享受大自然的乐趣，在这种朴素的回归自然的思想意识下，出现了专门畜养禽兽、以供帝王狩猎取乐的园林的最初形式"囿"，其中主要的构筑物是"台"。台上建置房屋谓之榭，除了通神之外，还可以登高望远，观赏风景。随着台的观游功能的上升，台与囿结合日益紧密并成为园林主体。帝王在狩猎期间可以观景，这就具备了园林的格局。

历史发展到春秋战国时期，诸侯势力强大，各地的诸侯国都在都邑营造园林，规模均不小，而大多数均以台为中心，尚留有筑台以通神明的做法，但游赏的功能已经扩大了，其中较著名的遗址是在今苏州郊外灵岩山上的吴王夫差的姑苏台。秦始皇于公元前221年统一六国，建立了空前的封建大帝国，开始以空前的规模兴建离宫别馆。据各种文献记载，在秦代短短的十二年中所建置的离宫约五六百处，仅在都城咸阳附近就有二百余处。西汉王朝建立之初，秦都城咸阳为项羽所毁，遂于咸阳东南，渭河南岸建都长安。先在秦离宫——兴乐宫旧址建长乐宫，在龙首原上建未央宫。至汉惠帝又建成桂宫、北宫、明光宫。此时小农经济空前发展，中央集权空前巩固，泱泱大国的气派，儒道互补的意识形态影响到文化艺术诸方面，造园活动达到空前兴盛。皇家园林一方面继承传统养百兽供帝王狩猎，又筑宫和观作为苑的主题，人工内容逐渐成为很重要的组成部分。

魏晋南北朝时期是中国园林的成长期，这个时期是中国历史上一个大动乱时期，也是思维十分活跃的时期。儒、道、佛、玄诸家争鸣，思想的解放促进了艺术领域的开拓，也给予园林很大的影响，在以自然美为核心的时代美学思潮影响下，风景园林由再现自然进而致力于表现自然，由单纯地模仿自然山水进而适当地加以概括、提炼，抽象化，典型化，开始在如何源于自然而又高于自然方面有所探索，造园活动已完全升华到艺术创作的境界。此时的皇家园林也已较为细致精练，但还未能摆脱封建礼制和皇家气派的制约，作为艺术创造不如私园活跃。较为著名的园林有邺城的"铜雀园"，赵石虎的"华林园"。

隋唐时期是中国园林的成熟期，这时期的中国园林在魏晋南北朝所奠定的风景园林艺术的基础上，随着封建经济和文化的进一步发展而臻于全盛局面。随着山水画、山水诗文、山水园林这三个门类的互相渗透，中国园林另外的特点——诗画的情趣，意境的涵蕴开始出现，隋唐园林作为一个完整的园林体系已经成形，其不仅发扬了秦汉大气磅礴的闳放风度，又在精致的艺术经营上取得了辉煌的成就。此时皇家园林的"皇家气派"已完全形成，不仅表现为园林规模的宏大，还反映在总体的布置和局部设计处理上，较为著名的有西苑、华清宫。唐代私家园林较前时期更兴盛，更普及，艺术水平更高，当时长安和洛阳城内均有很多著名的庭园，较富盛名的有白居易洛阳城东南的宅园和王维的别墅式庄园辋川别业。宋朝时期所造之园，多以山水画为蓝本，诗词为主体，以画设景，以景入画，寓情于景，寓意于形，以情立意，以形传神；楹联诗对与园林建筑相结合，富于诗情画意，耐人寻味。这个时期总的特点是师法自然而又高于自然。寓情于景，情景交融。北宋李格非《洛阳名园记》所述的环溪、湖园、富郑公园等名园可谓宋代私家园林的代表作。皇家园林经过数个朝代的发展达到了前所未有的高度，皇家园林除了宏大的气魄外，也已注意意境的创造及自然山水的营造。元代园林未有大的发展，较为著名的有皇家园林元大都和太液池。

明清园林是我国园林艺术的集大成时期，此时除了营造规模宏大的皇家园林外，封建士大夫为了满足日常游憩、聚会、宴客、居住的需要，在城市中大量营造以山水为骨干，饶有自然意趣的宅园。皇家园林多与离宫结合建于郊外，规模宏大，总体布局或依原有山水改造，或靠人工开凿兴建，建筑宏伟，豪华富丽。颐和园造景取材十分广博，是唯一完整独存的大型古典园林，从总体布局到一些细部都代表了清代皇家园林的最高艺术成就。有"万园之园"之称的圆明园，在乾隆的《圆明园图咏》中述"规模之宏敞，丘壑之幽深，风土草木之清佳，亦可观止"，此二者与避暑山庄并称中国皇家园林三大杰出典范。而士大夫的私家园林多建在城市或近郊，与住宅相连，在不大的面积内，追求空间艺术的变化，风格素雅精巧，达到平中求趣，拙间取巧的意境。常用粉墙、花窗、乃至长廊来分隔园景空间，但又隔而不断，掩映成趣，通过画框式的一个个漏窗，形成不同的画面，变幻无穷。如苏州拙政园中心是远香堂，四面均为挺秀的窗格，如画家的取景框，可透过窗格品赏美景。清王朝不仅继承了汉文化中高度发达的造园艺术，而且将本民族与大自然山川林木结下的深厚情结融于其中，使这个时期的自然山水园林进一步向注重生态环境的方向发展，从而在中国古典园林的成熟期内，形成了朴素的园林生态观，对后世的中国园林的生态观念产生了一定影响。

在18世纪，中国自然式山水园林由英国著名造园家威廉·康伯介绍到英国，使当时的英国一度出现了"自然式园林热"。清初英国传教士李明所著《中国现势新志》一书，对我国园林艺术也有所介绍。后来英国人钱伯斯到广州，看了我国的园林艺术，回英国后著《东方园林论述》。由于对中国园林艺术的逐步了解，英国造园家开始对规则式园林布局原则感到单调无变化，此后东方园林艺术的设计手法在欧洲随之发展。如1730年在伦敦郊外所建的植物园，即今天的英国皇家植物园，其设计意境除模仿中国园林的自然式布局外，还大量采用了中国式的宝塔和桥等园林建筑的艺术形式。在法国不仅出现"英华园庭"一词，而且仅巴黎一地，就建有中国式风景园林约二十处。从此以后，中国的园林艺术在欧洲广为传播。

我国的自然式山水园林艺术，在长期的历史发展过程中积累了丰富的造园理论和创作实践经验。为了继承和发扬祖国的古典园林艺术成就，特别是随着人民物质文化生活水平的提高，城乡建设势必要充分反映劳动人民物质与精神的需求，为使人们有优美的休养、休息以及文化娱乐的活动场所，就必然要进行园林建设。随着旅游事业的发展，风景园林的开发与建设也将随之兴旺发达起来，自然风景资源的开发也必将加快步伐。我们要吸收和借鉴我国古典园林艺术为今天的新型园林建设服务。

第一章 中国园林的起源—商周囿苑

第一节 园林的生成期——商、周时代的
园、囿、圃、池、沼

中国古代园林始于何时？它的原始形态是怎样的？历来都是园林史界讨论的焦点。多数人认为商、周的园、囿可以视为是中国古代园林萌发的开始。

商、周时代的"园"，一是有园墙，有"藩"一类的竹木"篱笆"；二是在这个闭合的园墙内有"树木（即人工种树）"。这或许就是后来植物园的原型，不过在当时它却带有鲜明的生产性质。

所谓"囿"，《初学记》定义为"养禽兽曰囿"；《淮南子·本经训》注指出："有墙曰苑，无墙曰囿"。"囿"同"园"一样，也有着鲜明的生产性质。所谓"圃"，是人工种植蔬菜、瓜果的园地，也有着鲜明的生产性质。所谓"池"和"沼"，在商、周时均为养龟养鱼专供占卜祭祀之用的地方。这说明"池"和"沼"也有着鲜明的生产性质，不似后来仅供观赏的水域。"池"在商、周时还是城外濠沟的另一称谓，这显然又带有军事的性质。

在古代，当生产力发展到一定的历史阶段，一个脱离生产劳动的特殊阶层出现以后，经济基础以及技术、材料达到一定的水平，上层建筑的社会意识形态与文化艺术等开始达到比较发达的阶段，这时才有能力兴建以游乐休息为主的园林建筑。

当时商朝国势强大，经济也发展较快。文化上不仅发明了以象形为主的文字，还有会意、形声、假借等文字。在商朝的甲骨文中有了园、圃、囿等文字，而从它们的活动内容可以看出，囿最具有园林的性质。

在商朝末年和周朝初期，不但帝王有囿，等而下之的奴隶主也有囿，只不过在规模大小上有所区别。在商朝奴隶社会里，奴隶主盛行狩猎取乐，如殷朝的帝王为了游猎和畜牧，专门种植刍秣和圈养动物，并有专人经营管理。《史记》中就记载了殷纣王"原赋税以实鹿台之钱……益收狗马奇物……益广沙丘苑台，多取野兽蜚鸟置其中。……乐戏于沙丘"。从各种史料记载中可以看出商朝的囿，多是借助于天然景色，让自然环境中的草木鸟兽及猎取来的各种动物滋生繁育，加以人工挖池筑台，掘沼养鱼。这些工程浩大，范围宽广，一般都是方圆几十里或上百里，供奴隶主在其中游憩或涉及礼仪方面的活动。囿不只是供狩猎，也是欣赏自然界动物活动的一种审美场所，这就具备了园林的基本功能和格局。

商朝社会已有了奴隶私有制的社会关系并以农业生产占主要地位，狩猎已不再是社会生产的主要劳动。为了重温过去的生活方式，为了得到再经历一次的享受，囿转而成为专门供脱离生产活动的奴隶主们娱乐和享受的场地。

所以说，我国园林的兴建是从殷周开始的，囿是园林的最初形式，园林里面的主要构筑物是"台"。中国古典园林产生于囿与台的结合，囿主要供帝王狩猎活动，台主要用处是观天象、通神明。这种园林活动的内容和形式到了清朝也还未脱离开。总之，这一时期的"园"、"囿"、"圃"、"池"、"沼"在主观上虽然不是为了观赏而兴建的，但却在客观上为后来的人工山水园林和自然风景区的开发奠定了基础。如避暑山庄，从康熙到乾隆，还都经常在避暑山庄内举行骑马、射箭等礼仪、游憩活动。

第二节 春秋战国的囿苑与文化——采集 或自然主义的仿写阶段

春秋、战国是由封建领主制向封建地主制过渡的时期，阶级、阶层之间的斗争复杂而又激烈。代表各个阶级、阶层、各派政治力量的学者或思想家，都企图按照本阶级（层）或本集团的利益和要求，对宇宙、社会等万事万物做出解释并提出各自的主张，于是出现了一个思想领域里的"百家争鸣"的局面。史称参加争鸣的各派为"诸子百家"，其中主要的有儒、道、墨、法、杂家等。

孔丘是儒家的创始人，相传曾删定六经（诗、书、易、礼、春秋、乐）为儒家的教材，他的主要言论汇集在《论语》一书中。儒家还有两个代表人物，一为孟轲，一为荀况。道家的代表人物是老子和庄子，墨家的代表人物是墨子，法家的代表人物是李悝、商鞅、韩非。这一时期的文学著作中，《诗经》是我国最早的一部诗集，现存305篇，其他较为突出的是《楚辞》。《楚辞》是吸收了《诗经》的某些优点，采用了楚国民间的诗歌形式，用楚国的方言写成的。散文也有相当发展，《左传》、《孟子》、《庄子》、《荀子》、《韩非子》等书，语言都很丰富，说理透彻，文笔生动。春秋、战国时期的绘画也有相当发展，有壁画、帛画、版画等，主要描绘人物、鸟、兽、云、龙和神仙等。

由于春秋、战国文化、艺术比较发达，表现在建筑上也有很大的进步，如宫室建筑下有台基、梁柱上面都有装饰，墙壁上也有了壁画，砖瓦的表面有精美的图案花纹和浮雕图画。如《诗经》中对当时宫殿形式的描述是"如翚斯飞"，这说明我国古典建筑屋顶造型上的出檐伸张和屋角起翘在春秋战国甚至是周朝就已经有了。

秦汉以前，宫殿以高台建筑作为主体。同样，园林中也筑高台以形成标志性建筑，除此之外高台建筑还具有风景观赏点的作用。园林高台建筑规模都较大，楚灵王修筑的章华台，六年才全部完工，《水经注·沔水》记载："水东入离湖……湖侧有章华台，台高十丈，基广十五丈。"现遗址发掘其台呈方形，基长300米，宽100米，其上有四台相连，最大的长45米，宽30米，分为3层，每层的夯土上有建筑物残存的柱础，当年登临此台，需休息三次，故又俗称"三休台"。吴王夫差费时三年之久，在姑苏山筑姑苏台（见图1-1），因山成台，联台成宫，主台"广八十四丈"，"高三百丈"，并开凿山间水池。《述异记》曰："夫差作天池，于池中造青龙舟，舟中盛陈伎乐，日与西施为水嬉。"姑苏台方圆五里，居高临下，可以观赏太湖景色。登台远眺必有水景，这是秦汉以来高台建筑常用的手法。章华台"台的三面为人工开凿的水池环抱着，临水而成景，水池的水源引自汉水，园林也提供了水运交通之方便"。章华台和姑苏台是春秋战国时期的园林要例，它们的选址和建筑都能利用大自然山水环境的优势，并发挥其成景的作用。

图1-1 苏州姑苏台

　　另据记载，吴王夫差曾造梧桐园（在今江苏吴县）、会景园（在今嘉兴）。记载中说："穿沿凿池，构亭营桥，所植花木，类多茶与海棠"。这说明当时造园活动用人工池沼，构置园林建筑和配置花木等手法已经有了相当高的水平，上古朴素的囿的形式得到了进一步的发展。

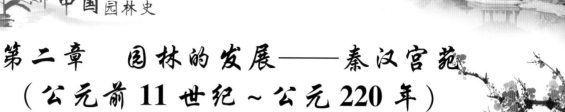

第二章 园林的发展——秦汉宫苑（公元前11世纪～公元220年）

第一节 秦统一中国和大规模的宫苑建筑

秦始皇于公元前221年统一中国，建立中央集权的秦王朝封建大帝国，在物质、经济、思想、制度等方面做了不少统一的工作。为了防范旧贵族的反抗，迁徙六国贵族和豪富十二万户至咸阳及南阳、巴蜀等地，削弱他们的政治、经济势力。秦始皇在咸阳营造宅地，"写放"（即照样画下）六国宫室，照式建筑在北阪上，可说是集中国建筑之大成，使建筑技术和艺术有了进一步发展。

为了政治和军事的需要，在全国范围内修筑"驰道"（即皇帝行车的路），以咸阳为中心，东至河北、山东，南至江苏、浙江等省。又修"直道"，自咸阳，经甘泉（今陕西淳化县境）上郡，直达九原（今内蒙古包头市西北）。驰道宽五十步（按秦制六尺为步，十尺为丈，每尺合今制27.65厘米），路边高出地面，路中央宽三丈，是天子行车的道。每隔三丈种植青松，标明路线。

始皇灭六国后，拆除六国战时的城郭决通川防。于公元前215年，派将军蒙恬率士卒20万人，北击匈奴，收复河南之地，置44县。又修缮旧秦、赵、燕长城，连接起来，这就是有名的万里长城。

秦始皇在较短的时间里，修宫殿，造坟墓（见图2-1），伐南越，筑长城，修驰道。每年至少有200万男丁在征发之中，这个数字约占当时人口总数的1/10。仅宫殿这一建筑类型，大小不下300余处，比较著名的宫室有信宫和阿房宫（见图2-2）。这期间，囿也得到了进一步发展，除游乐狩猎的活动内容外，囿中开始建"宫"设"馆"，增加了帝王在其中寝居，以及静观活动的内容。

《史记·始皇本记》记载始皇27年作信宫渭南，后更名信宫为极庙。自极庙到骊山，作甘泉前殿，筑南道，自咸阳属之。《三辅黄图》载："始皇穷极奢侈，筑咸阳宫（信宫亦

图2-1 秦始皇陵陶俑坑

称咸阳宫），因北陵营殿，端门四达，以制紫宫，象帝居。引渭水贯都，以象天汉；横桥南渡，以法牵牛"。咸阳"北至九峻、甘泉（山名），南至鄠、杜（地名鄠县和杜顺），东至河，西至沣、渭（水名）之交，东西八百里南北四百里，离宫别馆，相望联属，木衣绨绣，土被朱紫，宫人不移，乐不改悬，穷年忘归，犹不能遍"。从这种描写和东西八百里，南北四百里的规模，可见信宫的规模之大，前所未有。

图2-2　出土的阿房宫铺地砖

秦始皇还建造了历史上著名的朝宫——阿房宫（见图2-3，图2-4）。西汉史学家司马迁在他的《史记·始皇本纪》中说："阿房宫前殿，东西五百步，南北五十丈，殿中可以坐一万人，殿下可以树起五丈高的大旗。四周为阁道，自殿下直抵南山。在南山的峰巅建宫阙，又修复道，自阿房宫渡过渭水直达咸阳。"秦代一步合六尺，三百步为一里，秦尺约0.23米。如此算来，阿房宫的前殿东西宽690米，南北深115米，占地面积8万平方米，容纳万人自然绰绰有余了。相传阿房宫大小殿堂700余所，一天之中，各殿的气候都不尽相同。宫中珍宝堆积如山，美女成千上万，秦始皇一生巡回各宫室，一天住一处，至死时也未把宫室住遍。《汉书·贾山传》记载阿房宫整个的规模"东西五里，南北千步"。如今在陕西西安西郊三桥镇以南，东起巨家庄，西至古城村，还保存着面积约60万平方米的阿房宫遗址。可见，阿房宫宫殿之多、建筑面积之广、规模之宏大，是世界宫殿建筑史上无与伦比的。据《三辅黄图》记载："阿房宫，以木兰为梁，以磁石为门，怀刃者止之"。从"以磁石为门，怀刃者止之"的记述可以看出，当时冶炼技术相当发达。另外，秦始皇先后荡平了六国，建立了统一的秦王朝，他自知积怨甚多，会有许多人想要暗算他，因此他的阿房宫大殿北门用巨大的磁铁做成，以防备刺客，要有穿铁甲或暗藏兵器者潜至殿门的话，就会被磁铁大门牢牢吸住，使你动弹不得。这也说明了园林建筑被少数人所占有的性质。

图2-3　复原后的阿房宫图一

图2-4　复原后的阿房宫图二

从信宫和阿房宫的记述中，可以看出秦朝的宫苑建筑大抵因势而筑（随着自然形势来筑造），规模宏伟壮丽，来彰显帝王的尊严和极权。但正是由于秦朝徭役赋税繁重，因而激起秦末农民大起义，导致秦的灭亡，前后只有15年。

第二节 汉代的文化和宫苑

刘邦建立西汉（公元前 206～公元 24 年）王朝后，在政治、经济方面基本上承袭了秦王朝的制度。西汉时期是中国封建社会的经济发展最快、最活跃的时期之一，主要原因是秦末农民大起义之后，政治情况有所改善，地主经济得到大发展。在哲学与宗教方面，秦始皇"焚书坑儒"之后，儒家的经典几乎无存，通经的儒生也很少。西汉前有些老儒依靠记忆，口头上传授了一些经书，以隶书记录下来，叫做今文经。此后，又相继在孔子的旧宅或其他地方发现了一些用战国文字写的经典，这些经典多数归国家。西汉末年，刘向等人整理旧的经典，叫做古文经。从此开始，一直到东汉末年，今、古文经两派之间进行着激烈的斗争。两汉时期的主要宗教有道教和佛教。道教是由黄老学说与巫术结合而产生的，大约形成于东汉（公元 25～公元 220 年）中期。最早的经典是《太平清领书》，共 170 卷，今存的《太平经》残本基本上保存了这部经典的面貌。佛教是西汉之际由西域传来的，东汉明帝时，蔡愔至印度研究佛学归来，在京师洛阳建寺译经，中国开始有汉译本佛经。东汉末，西域僧人安世高来洛阳译经 175 部，100 余万字。从此，佛教教义在中国流传。

儒教学说的发展，道教的产生，佛教的传入，对汉以后寺院丛林的产生与发展有着直接的关系。汉代的文学家许多都有作赋的特长，如贾谊、司马相如、张衡等。两汉时期的绘画、雕塑、舞蹈、杂技等都有很大发展，张衡等人的作品可以说是当时的代表作。

汉代也是我国建筑业发展较快的时期，如砖瓦在汉代已具有了一定的规格。除一般的筒板瓦、长砖、方砖外，从汉代的石阙、砖瓦、明器、画像等图案来看，说明框架结构在汉代已经达到完善的地步。

框架结构的形成，对建筑形式的变化创造了极为有利的条件。屋顶形式如悬山、硬山、歇山、四角攒尖、卷棚等，在汉代已经出现。屋顶上的直搏脊、正脊，正脊上有各种装饰，用斗拱组成的构架也出现，而且斗拱本身不但有普通简便的式样，还有曲拱柱头等。已经有柱形、柱础、门窗、拱券、栏杆、台基等多变的形式。在汉代，建筑艺术的形成、发展、变化，为我国木结构建筑打下了深厚的基础，形成我中华民族自己独特的建筑风格。而这丰富多彩的建筑形式，也直接为园林建筑形式的多样化创造了有利的条件。

一、上林苑

汉武帝刘彻在国力强盛之时，政治、经济、军事都很强大，并且在此时大造宫苑。把秦的旧苑上林苑，加以扩建形成苑中有苑，苑中有宫，苑中有观。其规模之大，可以从《汉旧仪》所载看出："上林苑方三百里，苑中养百兽，天子秋冬射猎取之。其中离宫七十所，皆容千乘万骑"。另《关中记》载："上林苑门十二，中有苑三十六，宫十二，观三十五"。从以上记载中可以看出，我国古典园林汉代的皇家禁苑上林苑，正证明"古谓之囿汉谓之苑"的历史发展事实。一方面苑中养百兽供帝王狩猎，这完全继承了古代囿的传统，而汉代的苑中又有宫与观（供登高远望的建筑）等园林建筑，并作为苑的主题，在自然条件的基础上，人工内容逐渐成了很重要的组成部分。

上林苑（见图 2-6），苑中又有 36 苑，如宜春苑、御宿苑、思贤苑、博望苑等，从各个不同的苑又可以看出上林苑的活动与使用内容是比较多的。如思贤苑是专为招宾客的，实际上是搜罗人才的地方。御宿苑则是汉武帝的禁苑，是他在上林苑中的离宫别馆，"游观止

图2-5　汉代长安城宫殿分布图

图2-6　上林苑

宿其中，故曰御宿"。这里可以看出，当时造园者在总体布局与空间处理上，把全园划分成若干景区和空间，使各个景区都有景观主题和特点。后来我国历代皇帝所造园林都师承了汉代苑的活动内容，并有所发展。

据《汉旧仪》记载："上林苑中有六池、市郭、宫殿、鱼台、犬台、兽圈"。仅建筑而言，据陈宜的《三辅黄图校证》中记载就有"上林苑门十二，中有苑三十六，宫十二，观二十五。建章宫、承光宫、储元宫、包阳宫、尸阳官、望远宫、犬台宫、宣曲宫、昭台宫、蒲陶宫；茧观、平乐观、博望观、益乐观、便门观、众鹿观、榴木观、三爵观、阳禄观、阴德观、鼎郊观、椒唐观、当路观、则阳观、走马观、虎困观、上兰观、昆池观、豫章观、朗池观、华光观"。可以看出，各种不同功能的建筑数量相当多。

上林苑中还有各种各样的水景区，昆明池、如祀池、郎池、东陂池、池镐池、蒯池等池沼水景，在建章宫有太液池等。据《三辅故事》记载："昆明池盖三百二十顷，池中有豫章台及石鲸鱼，刻石为鲸鱼，长三丈，每至雷雨，常鸣吼，鬣尾皆动"，"池中有龙首船，常令宫女泛舟池中，张凤盖，建华旗，作棹歌，杂以鼓吹，帝御豫章观临观焉"。从以上的记载可以看出昆明池也用以载歌载舞，皇亲贵族乘舟观赏，真可以说是游乐临观，其乐无穷了。上林苑中的植物配置也相当丰富，特别是远近群臣各献奇树异果，单是朝臣所献就有 2 000 多种。

二、建章宫

建章宫系汉武帝刘彻于太初元年（公元前 104 年）建造的宫苑（见图 2-7）。《三辅黄图》载："周二十余里，千门万户，在未央宫西、长安城外。"武帝为了往来方便，跨城筑

图 2-7　汉代建章宫

1—壁门；2—神明台；3—凤阙；4—九室；5—井干楼；6—圆阙；7—别凤阙；8—鼓簧宫；9—娇娆阙；10—玉堂；
11—奇宝宫；12—铜柱殿；13—疏圃殿；14—神明堂；15—鸣銮殿；16—承华殿；17—承光宫；18—兮指宫；
19—建章前殿；20—奇华殿；21—涵德殿；22—承华殿；23—婆娑宫；24—天梁宫；25—饴荡宫；
26—飞阁相属；27—凉风台；28—复道；29—鼓簧台；30—蓬莱山；31—太液池；32—瀛洲山；
33—渐台；34—方壶山；35—曝衣阁；36—唐中庭；37—承露盘；38—唐中池

有飞阁辇道，可从未央宫直至建章宫。建章宫建筑组群的外围筑有城垣。

就建章宫的布局来看，正门圆阙、玉堂、建章前殿和天梁宫形成一条中轴线，其他宫室分布在左右，全部围以阁道。宫城内北部为太液池，筑有三神山，宫城西面为唐中庭、唐中池。中轴线上有多重门、阙，正门曰阊阖，也叫璧门，高二十五丈，是城关式建筑。后为玉堂，建台上。屋顶上有铜凤，高五尺，饰黄金，下有转枢，可随风转动。在璧门北，起圆阙，高二十五丈，其左有别风阙，其右有井干楼。进圆阙门内二百步，最后到达建在高台上的建章前殿，气魄十分雄伟。宫城中还分布众多不同组合的殿堂建筑。璧门之西有神明，台高五十丈，为祭金人处，有铜仙人舒掌捧铜盘玉杯，承接雨露。

建章宫北为太液池。《史记·孝武本纪》载："其北治大池，渐台高二十余丈，名曰太液池，中有蓬莱、方丈、瀛洲、壶梁像海中神山，龟鱼之属。"太液池是一个相当宽广的人工湖，因池中筑有三神山而著称。这种"一池三山"的布局对后世园林有深远影响，并成为创作池山的一种模式。

太液池三神山源于神仙传说，据之创作了浮于大海般巨浸的悠悠烟水之上，水光山色，相映成趣；岸边满布水生植物，平沙上禽鸟成群，生意盎然，开后世自然山水宫苑之先河。

在汉代的宫室建筑中，长乐宫和未央宫规模都较大，另外还有长杨宫、甘泉宫等。但在汉代众多的宫殿建筑中，上林苑应该是汉代皇家禁苑的代表作。

从以上对上林苑的记载可以看出，在当时的园林布局中，栽树移花、凿池引泉不仅已普遍运用，而且也非常注意到如何利用自然与改造自然，并且也开始注重石构的艺术，进行叠石造山。这也就是我们通常所说的造园手法，自然山水，人工为之。苑内除动植物景色外，还充分注意了以动为主的水景处理，学习了自然山水的形式，以期达到坐观静赏、动中有静的景观目的。

这种人为的园林山水造景的出现，为以后的山水园林艺术设计与发展开创了先河。园林艺术的基本组成，无非是由山、水、建筑等要素来表达造园的意境，或者说主题。在两千多年以前的我国的造园家们就已经注意和探索这一问题，不能不说明我国园林艺术的历史是多么悠久了。当时的园林，尽管其艺术水平相当高，但只是为帝王贵族所独享，为少数人所占有。

三、未央宫

长安是中国汉朝的都城，它是在秦朝兴乐宫的基础上增扩而成的。汉长安城（见图2-5）的修建经历了三个时期。汉高祖在位时，将秦代的兴乐宫改建并更名为长乐宫，又建起了未央宫以及北宫和武库。汉惠帝即位后，又在5年的时间内，分5次完成了长安四面城墙的修筑工程并建成了东市和西市。第三阶段是汉武帝时期，在长安城内增筑了桂宫和明光宫并扩修北宫，城西又建造了规模更加宏大的建章宫，城西南扩充了上林苑并开凿昆明池，这是汉长安城市建设的鼎盛时期。西汉末王莽时期，拆除了建章宫和上林苑内的大批建筑，在城南修建起明堂、辟雍、宗庙等礼制建筑。东汉人张衡曾以"览秦制，跨周法"之语来概括汉长安城的规划特点。据我们的理解，所谓"揽秦制"，主要是指对秦咸阳城规划的继承，这不仅表现在城址选择、以西向为尊等处，而且还体现在"重天子之威"的规划指导思想上。所谓"跨周法"，首先是说长安城的规划布局在不少地方与《考工记》所述礼制规定相吻合。其次是说长安城内城与外郭的形制，与战国时代齐、韩、赵、魏诸国都城有某种相似之处。其实，汉长安城除了历史的继承之外，还不乏创新和特色。例如，它扬弃了运用天体观念规划城市的做法，城市布局以追求实用为主，虽然整体略显凌乱并鲜有生气，但却庄严肃穆，富有理性精神。

未央宫位于当时汉都长安城西南部。因在长乐宫之西，汉时称西宫。为汉高祖七年（公元前 200 年）在秦章台基础上修建，惠帝即位后，开始成为主要宫殿，是汉朝君臣朝会的地方。总体的布局呈长方形，四面筑有围墙。东西两墙各长 2 150 米，南北两墙各长 2 250 米，全宫面积约 5 平方公里，约占全城总面积的七分之一。

据史料记载，未央宫建于长乐宫修复后不久，是汉高祖称帝后兴建，由刘邦的重臣萧何监造。自未央宫建成之后，汉代皇帝都居住在这里，所以它的名气远远超过了其他宫殿。在后世人的诗词中未央宫已经成为汉宫的代名词。整个宫殿由承明、清凉、金华等 40 多个宫殿组成。南部正门以北偏西建未央宫前殿，现在汉未央宫的遗址仍存有当时高大的夯土台基。

未央宫宫内的主要建筑物有前殿、宣室殿、温室殿、清凉殿、麒麟殿、金华殿、承明殿、高门殿、白虎殿、玉堂殿、宣德殿、椒房殿、昭阳殿、柏梁台、天禄阁、石渠阁等。其中前殿居全宫的正中，基坛南北长约 350 米，东西宽约 200 米，北端最高处约 15 米，据说是利用龙首山的丘陵造成的。据历史书籍的记载，未央宫的四面各有一个司马门，东面和北面门外有阙，称东阙和北阙。当时的诸侯来朝入东阙，士民上书则入北阙。

汉长安宫殿是我国历史上存在时间最长的宫殿。在汉高祖刘邦之后，王莽政权、西晋、前赵、前秦、后秦、西魏、北周都以此作为中央政府的行政枢纽。西汉的许多重大历史事件都曾经发生在这里。张骞从这里出发开辟丝绸之路；美女王昭君在这里自愿西行出塞，和亲匈奴。

未央一词出自《诗经》："夜如何其？夜未央"。未央：未尽、未深之意。《长恨歌》："归来池苑还依旧，太液芙蓉未央柳"。汉初商业发达，富商大贾的奢侈生活不下王侯。地主、大贾为此也经营园囿，来满足他们寻欢作乐的需要。据《西京杂记》记载："茂陵富民袁广汉，藏镪巨万，家童八九百人。于北邙山下筑园，东西四里，南北五里，激流水注其中。构石为山，高十余丈，连延数里。养白鹦鹉、紫鸳鸯、牦牛等奇兽珍禽，委积其间。积沙为洲屿，激水为波涛，致江鸥海鹤孕雏产鷇，延馒林池；奇树异草，靡不培植。屋皆徘徊连属，重阁修廊，行之移晷不能偏也。"

袁广汉的私家园今天虽已不复存在，因此也无从考证，但从记载的情况来看，早在汉朝，我国不仅已有相当规模的帝王宫苑，而且有了私人园林建筑。其造园的规模与皇家禁苑有大小的差别，但造园的手法以及园的形式、内容等都极其相似。

总之，从汉朝宫苑的内容与形式，我们可以看出，汉朝宫苑基本是继承了古代囿的传统发展而来的。古代的囿，虽然已经初具园林艺术的某些特征，但它基本上是以自然环境为主，一般只是稍加人工的成分，造园的意境与构思还是极为初级的。而秦汉的宫苑是在圈定的一个广大地区中的囿和宫室的综合体。苑中有苑、有宫城、有宫观，所谓"离宫别馆相望，周阁复道相属"。宫室建筑群成为苑的主体，无论从内容、形式、构思立意以及造园手法、技术、材料等各方面，都达到相当高的水平，应该说是真正具有了我国园林艺术的性质。

第三章 园林的转折期——魏晋南北朝的文化与园林艺术（公元220～589年）

第一节 魏晋南北朝的文化

魏晋南北朝在中国历史上有过一个长期的混乱时代。这时期的哲学主要有两大派，一是以"玄学"为代表的唯心主义，一是以"无君论"和"神灭论"为代表的唯物主义。这一时期的宗教迅速发展，也主要有两种，一为佛教，一为道教。

东晋统治阶级提倡信仰佛教，西域的许多僧侣东来，中国人西去求教的也不少。名僧法显曾到古印度求法，带回大量经典。他所著的《佛国记》，汉名《法显传》一书，是极为重要的历史文献。当时的名僧还有佛图澄、释道安、慧远等。随着佛教蓬勃兴起，佛寺建筑大为发展，木塔、砖塔也就在南北朝时期兴建起来。

伴随佛教而来的信奉宗教的绘画艺术、人物肖像画出现了繁荣的新面目，雕刻艺术就是这一时期的重大成就。北魏开始开凿的敦煌千佛洞、炳灵寺石窟、麦积山石窟、云冈石窟和龙门石窟等，都被称为中国艺术的大宝库。东晋顾恺之等人的绘画及绘画理论都有极高的成就，现有顾恺之的摹本《女史箴》，是我国文化的珍品（见图3-1）。王羲之父子的书法以及当时的音乐、戏剧等都有很大的成就。

图3-1 东晋顾恺之《女史箴》图

第二节　同诗画结合、追求意境的园林艺术

魏晋南北朝时期的著名画家谢赫在《古画品录》中提出的六法，对我国园林艺术创作中的布局、构图、手法等都有较大的影响。他的六法，其一是"气韵生动"，"气韵"是一幅画的总的艺术效果和艺术感染力。所谓"气韵生动"，就是要求一幅绘画作品有真实感人的艺术魅力。其二是"骨法用笔"，即绘画的造型技巧。"骨法"一般指事物的形象特征；"用笔"指技法，用墨"分其阴阳"，更好地表现大自然的阴阳晦明、远近疏密、朝暮阴晴以及山石的体积感、质量感等。下笔之前要充分"立意"，作到"意在笔先"，下笔后"不滞于手，不凝于心"，一气呵成，画完后又能做到"画尽意在"。其三是"应物象形"，即物体所占有的空间、形象、颜色等。其四是"随类赋彩"，即画家用不同的色彩来表观不同的对象。我国古代画家把用色得当而表现出的美好境界，称为"浑化"，在画面上看不到人为色彩的涂痕，看到的是"秾纤得中"，"灵气惝恍"的形象。我国山水画家在色彩运用上的这种"浑化"的境界，与我国园林艺术中的建筑、绿化、山水等色彩处理上的清淡雅致等要求是一脉相承的，但自然中的景色入画，画的色彩是不变的，而园林艺术的色彩却可以随着一年四季或一天内早中晚的变化而变化，这是园林与绘画的不同特点，也是绘画达不到的。其五是"经营位置"，即考虑整个结构和布局，使结构恰当，主次分明，远近得体，变化中求得统一。我国历代绘画理论中谈的构图规律，疏密、参差、藏露、虚实、呼应、简繁、明暗、曲直、层次以及宾主关系等，既是画论，更是造园的理论根据。如画家画远山则无脚，远树则无根，远舟见帆而不见船身，这种简繁的方法，既是画理，也是造园之理。园林中的每个景点，犹如一幅连续而不同的画面，深远而有层次，"常倚曲阑贪看水，不安四壁怕遮山"。这都是藏露、虚实、呼应等在园林建筑中的应用，宜掩则掩，宜屏则屏，宜敞则敞，宜隔则隔，抓住精华，俗者屏之，使得咫尺空间，颇能得深意。其六是"传移模写"，即向传统学习。从魏晋开始，园林艺术向自然山水园发展，以宫、殿、楼阁建筑为主，充以禽兽。其中的宫苑形式被扬弃，而古代苑囿中山水的处理手法被继承，以山水为骨干是园林的基础。构山要重岩覆岭、深溪洞壑，崎岖山路，洞道盘纡，合乎山的自然形势。山上要有高林巨树、悬葛垂萝，使山林生色。叠石构山要有石洞，能潜行数百步，好似进入天然的石灰岩洞一般。同时又经构楼馆，列于上下，半山有亭，便于憩息；山顶有楼，远近皆见，跨水为阁，流水成景。这样的园林创作方能达到妙极自然的意境。

魏晋南北朝时期，是中国古代园林史上的一个重要转折时期。文人雅士厌烦战争，玄谈玩世，寄情山水，风雅自居。豪富们纷纷建造私家园林，把自然式风景山水缩写于私家园林中。如西晋石崇的"金谷园"，是当时著名的私家园林。石崇，晋武帝时任荆州刺史，他聚敛了大量财富，广造宅园，晚年辞官后，退居洛阳城西北郊金谷涧畔之"河阳别业"，即金谷园。据他自著《金谷诗》："余有别庐在金谷涧中，或高或下。有清泉茂林，竹柏药草之属，田四十顷，羊二百口，鸡猪鹅鸭之类莫不毕备。又有水碓鱼池土窟，其为娱目欢心之物备矣"。晋代著名文学家潘岳有诗咏金谷园之景物，说明石崇经营的金谷园，是为老年退休之后安享山林之乐趣并作为吟咏作乐的场所。地形既有起伏，又是临河而建，把金谷涧的水引来，形成园中水系，河洞可行游船，人坐岸边又可垂钓，岸边杨柳依依，又有繁多的树木配置，养鸡鸭等，真是游玩、吃喝皆具了。

北魏自武帝迁都洛阳后，大量的私家园林也随之经营起来。据《洛阳伽蓝记》记载："当时四海晏清，八荒率职……于是帝族王侯、外戚公主，擅山海之富、居川林之饶，争修园宅，互相竞争，崇门丰室、洞房连户，飞馆生风、重楼起雾。高台芸榭，家家而筑；花林曲池，园园而有，莫不桃李夏绿，竹柏冬青"。"入其后园，见沟渎蹇产，石磴礁嶢。朱荷出池，绿萍浮水。飞梁跨阁，高树出云。"

从以上的记载中可以看出，当时洛阳造园之风极盛。在平面的布局中，宅与园也有分工，"后园"是专供游憩的地方。"石磴礁嶢"，说明有了叠假山。"朱荷出池，绿萍浮水。桃李夏绿，竹柏冬青"的绿化布置，不仅说明绿化的树木品种多，而且多讲究造园的意境，也即是注意写意了。

私家园林在魏晋南北朝已经从写实到写意。例如北齐庾信的《小园赋》，说明了当时私家园林受到山水诗文绘画意境的影响；而宗炳所提倡的山水画理之所谓"竖画三寸当千仞之高，横墨数尺体百里之回"，成为造园空间艺术处理中极好的借鉴。自然山水园的出现，为后来唐、宋、明、清时期的园林艺术打下了深厚的基础。

第三节　佛教与佛寺园林

宗教的发展与传播不能凭空进行，它需要借助必需的物质条件与形式，因此它的发展必然促使与之相关联的消费的发展。魏晋南北朝的宗教消费主要表现在：滥建寺塔，大兴造像，所有这些都具有极明显的奢侈性。

1. 招提栉比，宝塔骈罗

《洛阳伽蓝记·序》概括了当时佛教兴盛的情况及其造成的影响："自顶日感梦，满月流光，阳门饰豪眉之象，夜台图绀发之形，尔来奔竞，其风遂广。至晋永嘉唯有寺四十二所，逮皇魏受图，光宅嵩洛，笃信弥繁，法教愈盛。王侯贵臣，弃象马如脱屣，庶士豪家，舍资财若遗迹。于是招提栉比，宝塔骈罗。争写天上之姿，竞模山中之影。金刹与灵台比高，广殿共阿房等壮。岂直木衣绨绣，土被朱紫而已哉。"描述的是洛阳的情况，但大体反映了全国佛教盛行的面貌。

佛教盛行有其社会原因。长期战乱，灾难频仍，人们无法挣脱现实的苦海，便把希望寄托于来世。佛教生死轮回的义理正可满足人们这种精神上的渴望。玄学对儒学的批判，削弱了儒学对佛学的抵制。而玄学虚无玄远的特性，使之不能比较实际地回答人们关于此岸的问题，这也无疑为佛教的扩展起了清扫道路的作用。佛寺建诸名山或风景胜地，香火氤氲，法音梵乐，劝人乐善好施，远离尘世，却又食人间烟火，俨然乱世中的一块净土和极乐世界。统治者需要加强思想统治，也需要自我麻醉。当他们认识到佛教的这种精神麻醉作用的时候，便极力加以提倡。

这一时期特别是东晋以后，统治集团佞佛者甚多，东晋南朝的晋孝武帝、晋恭帝、齐武帝、梁武帝、陈武帝，十六国的石勒、石虎、苻坚、姚兴，北朝的文成、献文、孝文、宣武、孝明诸帝及灵太后，都在不同程度上提倡佛教，而其中梁武帝、宣武帝、孝明帝、灵太后更达到了陷溺而不能自拔的地步。

在统治集团的提倡下，佛寺与浮屠像雨后春笋般冒出。萧惠开起四寺，悉供僧众。何充，何尚之并建塔寺，至何敬容舍宅东为伽蓝。王充调役百姓，修营佛寺，务在壮丽。萧衍以至尊倡导，广建寺庙。杜牧说"南朝四百八十寺"，是一个缩小了的数字。郭祖深《舆榇上封事》言其时"家家斋戒，人人忏礼，不务农桑，空谈彼岸"，"都下佛寺五百余所，穷极宏丽。"（注：《全梁文》卷 59）说明在梁代仅建康至少有五百多所佛寺。

北朝的寺庙从数量到规模都超过南朝。北魏显祖起永宁寺，构七级浮屠，高三百余尺，基架博敞。皇兴中又构三级石浮屠，高十丈，为京华壮观。高祖建鹿野浮屠于苑中之西山，岩房禅坐，僧舍居中。肃宗于城内大社西起永宁寺，灵太后亲率百僚，表基立刹。在最高统治者的带动下，贵戚大臣、州郡牧守竞建寺塔。冯熙自出家财在诸州镇建佛图精舍 72 处。高隆之广费人工，大营寺塔。元鸾在定州缮起佛寺，公私费扰。安同在冀州大兴寺塔，耗费浩繁。杨椿在定州私营佛寺，役使兵力。……肃宗于正光三年诏中尉端衡肃立威风，以见事见劾，牧守辄兴寺塔为其一项，足见滥建寺塔之盛，致使统治者感到对自己构成某种威胁。根据记载，西晋末年洛阳有佛寺 42 所，北魏建立后，自正光至太和洛阳新旧寺庙 100 来所，僧尼 2 000 余人。四方诸寺 6 478 所，僧尼 77 258 人。而到北魏末年，猥滥以极，北方寺庙达 3 万多所，僧尼逾 200 万。而到北齐北周时，寺庙更急剧增加，僧尼超过 400 万。需要指出的是，在频繁的战争及自身衰败的影响下，毁掉的寺庙究竟有多少，谁也无法估计，到杨衒之写《洛阳伽蓝记》时，洛阳西晋以前的寺庙，已仅剩宝光寺一所。

这些寺庙，大都有世俗庄园的性质。洛阳城南的景明寺，为魏宣武帝所立，"其寺东西南北方五百步。……山悬堂观，光盛一千余间。复殿重房，交疏对霤，青台紫阁，浮道相通，虽外有四时，而内无寒暑。重檐之外，皆是山池，……至正光中，太后始建七层浮屠一所，去地百仞。……寺有三池，蕉、蒲、菱、藕，水物生焉。……磨硙春簸，皆用水功。"（注：《洛阳伽蓝记》卷 3 城南）洛阳城西的宝光寺，寺内有园，园有浴堂。园中另有一海，号"咸池"，此处"葭菼被岸，菱荷覆水，青松翠竹，罗生其旁。京师士子，至于良辰美日，休沐告归，征友命朋，来游此寺。雷车接轸，羽盖成阴。"（注：《洛阳伽蓝记》卷 4 城西）也是城西的景乐寺，"堂庑周环，曲房连接，轻条拂户，花蕊被庭，……得往观者，以为至天堂。"（注：《洛阳伽蓝记》卷 4 城西）而当时洛阳规模最大，最为豪华的是城内的永宁寺，寺中有"雕梁粉壁，青缲绮疏"的僧房楼观一千余间，"有九层浮屠一所，架木为之，举高九十丈，有刹复高十丈。合去地一千尺"。（注：《洛阳伽蓝记》卷 1 城内）从这些例子及其他资料反映的情况分析，当时的寺庙具有以下的共同特性：第一，广占土地；第二，占有大量的劳动力；第三，寺庙即是园林；第四，寺庙建筑规模宏大，做工精良，富有艺术的内涵。这些特点，正是寺院的所有者们在宗教形式下进行消费的不可或缺的条件和内容。

2. 争写天上之姿，竞模山中之影

随着建寺达到高潮，造像亦空前兴盛。这时期造像大体表现在三个方面：寺庙造像，石窟造像，民间造像。

寺庙造像大都是最高统治者带头。晋恭帝造丈六金像，并亲迎于瓦官寺。齐武帝在显阳殿造玉像，钟爱到临死时还念念不忘。北魏高宗于兴光元年为太祖以下铸释迦立像五座，各高一丈五尺，都用赤金二万五千斤。又于恒农荆山造珉玉丈六像一座，又造石像一座，高大与帝等身。显祖在天宫寺造释迦立像，高四十三尺，用赤金十万斤，黄金六百斤。

石窟造像也大多为最高统治者所为。北魏高宗于京城西武州塞开窟五所，镌建佛像各一，高的七十尺，低的六十尺。景明初，世宗于洛南伊阙山为高祖、文昭皇太后营窟一所。

永平中，中尹刘腾奏为世宗复造石窟一，凡为三所，从景明元年至正光四年，23 年中用工 80 多万，凿窟 1 300 多，造像 90 000 多尊。石窟造像除上述两处外，在新疆拜城有克孜尔千佛洞，在河西走廊有敦煌莫高窟、天水麦积山石窟、永靖炳灵石窟、庆阳石窟等。在南朝，齐梁时在建康附近的栖霞山亦造有石窟。

石窟造像利用自然条件，毋须昂贵的材料，但费工极为浩繁，需要成千上万训练有素的工匠，由于工期漫长到数年甚至数十年，加上这种需要特殊专长的工役的不可替代性，不少人将一生付之于这种神灵的奴役。

在佛教兴盛时代，帝王贵族豪华宫殿建筑也大量地用在佛寺建筑上，因此佛寺建筑都装饰得华丽和金碧辉煌，与帝王的宫城一样豪华和大气派。

佛教建筑在总的布局上，有供奉佛像的殿宇和附属的园林部分，这和私家园林居住与园林部分类似，因此构成佛寺园林。

佛寺园林的建造，都需要选择山林水畔作为参禅修炼的洁净场所。因此，他们选址的原则是：一是近水源，以便于获取生活用水；二是要靠树林，既是景观的需要，又可就地获得木材；三是地势凉爽、背风向阳和良好的小气候。具备以上三个条件的往往都是风景优美的地方，"深山藏古寺"就是寺院园林惯用的艺术处理手法。

这种佛寺园林建筑即使在城市中心地段，也多采用树木绿化来点缀，创造幽静的环境，而在近郊的佛寺建筑总是丛林培植，花木取胜。如今保存完好的佛寺建筑，如泉州的开元寺（见图 3－2），是一座规模宏大的千年古刹，它是由佛教建筑与塔组成的寺院丛林。既是我国东南沿海重要的文物古迹，也是福建省内规模最大的佛教寺院。开

图 3－2　泉州开元寺东西塔

元寺位于市区西街，建于唐垂拱二年（公元 686 年），原名莲花寺，后改名为兴教寺、龙兴寺。唐开元二十六年（公元 738 年），唐玄宗诏天下诸州各建一寺，以年号为名，遂改今名。开元寺南北长 260 米，东西宽 300 米，占地面积 7.8 万平方米，现存仅为原来的 1/10～2/10。在宋、元鼎盛时期有寺院 120 所，僧侣达千人。1986 年被评为全省十佳风景区之一。建国后，政府多次拨款修葺，现已焕然一新，金碧辉煌，每年吸引大量海内外游客前来参观游览。

当时最大的寺院，应推建康（今南京）的同泰寺（今鸡鸣寺）。鸡鸣寺（见图 3－3）坐落在 60 多米高的北极阁东端，原名同泰寺，是南朝梁武帝萧衍于大通元年（公元 527 年）建造的。原寺规模很大，有九层宝塔，六座大殿，

图 3－3　建康（今南京）的同泰寺（今鸡鸣寺）

十余座小殿和佛堂，供奉着庄严的十方金像和十方银像等。明初，朱元璋命拆除庙宇，重建寺院，起名鸡鸣寺。寺东山腰有一口古井，又名胭脂井，隋兵进攻台城时，陈后主叔宝与妃子张丽华、孔贵嫔曾附井避难被隋兵发现而当了俘虏，所以又名辱井。如今的鸡鸣寺香火缭绕，游人终年不绝，是有名的佛门宝地和登临远眺的胜境。杭州的灵隐寺和苏州的虎丘云岩寺、苏州北寺塔等，皆在此时陆续兴建。灵隐寺（见图3-4）位于杭州西湖灵隐山麓，处于西湖西部的飞来峰旁，离西湖不远。灵隐寺又名"云林禅寺"，始建于东晋（公元326年），到现在已有1 600多年历史，是我国佛教禅宗十刹之一。当时印度僧人慧理来杭，看到这里山峰奇秀，以为是"仙灵所隐"，就在这里建寺，取名灵隐。后来济公在此出家，由于他游戏人间的故事家喻户晓，灵隐寺因此名闻遐迩。五代吴越国时，灵隐寺曾两次扩建，大兴土木，建成为九楼十八阁七十二殿堂的大寺，房屋达1 300余间，僧众达3 000人。

图3-4 杭州的灵隐寺

灵隐寺的最前面是天王殿，上悬"云林禅寺"匾额，是清代康熙的手笔。大殿正中佛龛里坐着袒胸露腹的弥勒佛像。弥勒佛后壁佛龛里，站着神态庄严、手执降魔杵的韦驮菩萨，系由一整块香樟木雕成，是南宋遗物。灵隐寺的大雄宝殿是单层、重檐、三叠的建筑，高达33.6米。另有清末重塑之木雕释迦坐像，高约24.8米，金光四射，闪耀夺目，富有宋代守实雕塑之风，此外还有十二圆觉、二十诸天等佛。

1954年进行全面修整后，改为永久性的钢筋水泥建筑。大殿规模宏敞，气势雄伟，殿正中的释迦牟尼佛像，高19.6米，是以唐代禅宗著名雕塑为蓝本，用24块香樟木雕成的。灵隐寺的殿宇、亭阁、经幢、石塔、佛像等建筑和雕塑艺术，对于研究我国佛教史、建筑艺术史和雕塑艺术史都很有价值，是祖国珍贵的文物。现在的灵隐寺园林，除寺内殿前殿旁还保存有一些假山、古树林木外，主要在于寺前的清溪流水沿岸，山泉之间曲径通幽，小桥飞跨（见图3-5）。寺之山门前有冷泉亭、翠微亭诸景。唐朝诗人白居易写有《冷泉亭记》来描述这里的景色。

佛寺园林不同于一般帝王贵族的苑囿。寺院丛林已经有了公共园林的性质。帝王、臣贵各造苑囿宅园，独享其乐，而穷苦的庶民百姓，只有到寺院园林中去进香游览。由于游人多，求神拜佛者都愿施舍，这又从经济上大大促进了我国不少名山大川，如庐山、九华山、雁荡山、泰山、杭州西湖等的开发。

图 3 - 5　灵隐寺水景

第四节　皇　家　园　林

三国、两晋、十六国、南北朝相继建立的大小政权都在各自的首都进行宫苑的建置。洛阳是东汉、魏、西晋、北朝历代的首都，城址在今洛阳市区东面约 15 公里（见图 3 - 6）。东汉末年，在洛阳已有皇家园林十余所之多，魏、晋时期在汉旧有的基础上又加以扩建，如芸林苑就是其中之一，它是魏明帝时加以扩建的。

芸林苑在洛阳城内北偏东，为汉代旧苑。《魏春秋》记载："景初元年（公元 237 年）……帝愈增崇宫殿，雕饰楼阁，取白石英及紫石英五色大石于太行谷城之山，起景阳山于芸林之园。树松竹草木，捕禽兽以充其中。于是百役繁兴，帝躬自掘土，率群臣三公以下莫不居力"。扩建芸林苑时皇帝也亲自率百官参加，可见芸林苑是重要的一座皇家园林了。

"青龙三年（公元 235 年）……于芸林苑中起陂池，楫棹越歌。又于列殿之北立八坊，诸才人以次序处其中……。自贵人以下至尚保及给掖庭洒扫习技歌者各有数千。通引水过九龙殿前为玉片绮栏。蟾蜍含受，神龙吐水，使博士马均作司市东水转百戏。岁首建巨兽，鱼龙曼延，弄马倒骑备如汉西京之制……景初元年起土山于芸林苑西陂，使公卿群僚皆负土成山，树松竹杂木善草于其上，捕以禽兽置其中"。（《魏略》）

芸林苑可以说是仿写自然，人工为主的一个皇家园林，园内的西北面以各色文石堆筑为土石山，东南面开凿水池，名为"天渊池"，引来谷水绕过主要殿堂前，形成园内完整的水系。沿水系有雕刻精致的小品，形成很好的景观。从布局来看，既继承了汉代苑囿的某些特点，而又有了新的发展，并为以后的皇家园林所模仿。

北魏洛阳的皇家园林，在《洛阳伽蓝记》记载中还有"千秋门内北有西游园，园中有凌云台，那是魏文帝所筑者，台上有八角井。高视于井北造凉风观，登之远望，目极洛川。……"

《水经注》记载的洛阳园林，主要是芳林园和华林园。芳林园是三国魏明帝所创建，注文说："明帝愈崇宫殿，雕饰观阁，取白石英及紫石英及五色大石于太行谷城之山，起景阳山于芳林园，树松竹草木，捕禽兽以充其中。"不过到了北魏，这个园林已经衰落。"今也，山则块阜独立，江无仿佛矣。"另一处是华林园，注文对此园的描写，真是引人入胜。"石路崎岖，岩嶂峻险，云台风观，缨峦带阜，游观者升降阿阁，出入虹陛，望之状鸟没峦举矣。其中引水飞皋，倾澜瀑布，或枉渚声溜，漰漰不断，竹柏荫于层石，绣薄丛于泉侧，微飙暂拂，则芳溢于六空，实为神居矣。"除此二园外，注文记及的风景点还有翟泉、土山、九曲、方湖、鸿池等。满城河渠，到处泉池，在郦道元笔下，洛阳不仅是一座繁华的都城，而且也是一座美丽的都城。

北魏洛阳是一座规模很大的都城，有许多建筑宏伟的城门，就是《水经注》所说的"洛阳十二门"。注文分别描述了如建春门、东阳门、广莫门、西明门、阊阖门等大部分重要城门，包括它们的别名和有关掌故。洛阳城的正中是皇宫，宫城的正门也称阊阖门，此外还有许多建筑瑰丽的宫门如云龙门、神虎门、通门、掖门等。例如东西相对的云龙门和神虎

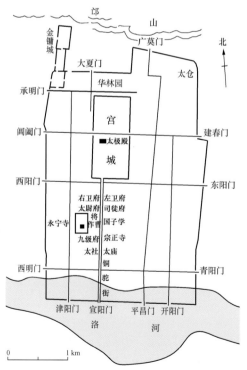

图 3-6　北魏洛阳城平面图

门，"二门衡栿之上，皆刻云龙凤虎之状，以火齐薄之，及其晨光初起，夕景斜辉，霜文翠照，陆离炫目"。真是气象万千。注文也记载了皇宫内外的许多宫殿，如金镛宫、崇德殿等。注文提及："魏太和中，皇都迁洛阳，经构宫极，修理街衢。"郦道元时代的洛阳，确实是一座富丽繁华的都城。注文记载洛阳南宫的朱雀阙，"偃师去洛四十五里，望朱雀阙，其上郁然与天连，是明峻极矣。"洛阳宫殿的宏伟崇高，由此可见。

从记载中可以略见魏晋南北朝时期皇家园林的简单情况。比起当时的私家园林来看，它已具有规模大、华丽、建筑量大的特点，但却没有私家园林富有曲折幽致、空间多变的特点。

第四章 园林的全盛期——隋唐苑园 （公元 589~960 年）

魏晋南北朝以前的苑囿，其主要特点是气派宏大、豪华富有，在内容方面尽量包罗万象，而艺术性还处于初期阶段，既不可能富有诗情画意，更不可能考虑韵味和含蓄，也没有悬念。

到了隋唐时期，因为没有过多的政治束缚，当时的文化思想领域也比较自由开放，人们的思想比较活跃。加之文学绘画等方面的发展，人们对自然美从直观、机械、形式的认识中有所突破，不再是单纯地追求巨大的花园、崇尚富贵、铺张罗列，而是追求自然恬静、情景交融，这对以后的园林艺术创作是一个崭新的开拓。

第一节 隋朝宫苑 （公元 581~618 年）

隋炀帝杨广是我国历史上以荒唐著名的皇帝，隋朝虽短，但在我国建筑史上却留下了许多令后人炫目的建筑作品。如大运河，今天仍是我中华民族的骄傲；兴建大兴城（即唐长安），以空前的规模与布局独步世界城市；河北赵县的安济桥，无论是从工程结构还是艺术造型，都是世界第一流的杰作；敦煌、龙门等石窟，表现出佛教艺术民族化的新趋向。

隋朝极盛时期的版图，"东西九千三百里，南北一万四千八百一十五里。东南皆至于海，西至且末（今新疆且末县），北至五原（今内蒙古包头西北）"（《隋书》卷29《地理志》）。

隋朝也大造宫苑，隋炀帝所修的显仁宫，"周围数百里。课天下诸州，各贡草木花果，奇禽异兽于其中"（《隋书》卷24《食货志》），"五年，西巡河右。……帝乃令武威，张掖士女，盛饰纵观。夜服车马不鲜者，州县督课，以夸示之"（《隋书》卷24《食货志》），"登极之处，即建洛邑，每月役丁二百万人。导洛至河及淮，又引沁水达河，北通涿郡，筑长城东西千余里，皆征百万余人，丁男不充，以妇人兼役，而死者大半，……"。

隋炀帝大业元年（公元606年）在洛阳兴建的西苑，是继汉武帝上林苑后最豪华壮丽的一座皇家园林。据《隋书》记载："西苑周二百里，其内为海周十余里，为蓬莱、方丈、瀛洲诸山，高百余尺，台观殿阁，罗塔山上。海北有渠，萦纡注海，缘渠作十六院，门皆临渠，穷极华丽"。《大业杂记》记载："苑内造山为海，周十余里，水深数十丈，上有通真观、习灵台、总仙宫，分在诸山。风亭月观，皆以机成，或起或灭，若有神变，海北有龙鳞渠，屈曲周绕十六院入海"。

关于西苑十六院，《大业杂记》中记载有延光院、明彩院、合香院、承华院、凝辉院、丽景院、飞英院、流芳院、耀仪院、结骑院、百福院、资善院、长春院、永乐院、清暑院、明德院，每院开东、西、南三门，门开临龙鳞渠，渠宽二十步，上跨飞桥，过桥百步即杨柳修竹，四面郁茂，名花异草，隐映轩陛（台阶）。另有逍遥亭，结构之丽，冠于古今。十六院相互仿效，每院置一屯，每院置四品夫人一人，有宫人管理，养猪、牛、羊等，穿池养鱼等无所不有。另外筑游观数十，或泛轻舟画舸，习采菱之歌，或升飞桥阁道，奏游春之曲。

从西苑总的布局内容不难看出，是以人工叠造山水并以山水作为园的主要脉络，特别是龙鳞渠为全园的一条主要水系，贯通十六个苑中之园，使每个庭院三面临水，因水而活，并跨飞桥，建逍遥亭，丰富了园景。绿化布置不仅注意品种，而且隐映园林建筑，隐露结合，非常注意造园的意境，形成了环境优美的园林建筑。每个庭院虽是供妃嫔居住，但与皇帝禁宫有着明显的不同，对以后的唐代宫苑产生了较大的影响。

第二节　唐代宫苑　（公元 618～907 年）

唐朝是我国封建社会的全盛时期，国富民强，文化艺术空前繁荣。唐诗是中国古典诗歌发展达到高峰的体现，仅据《全唐诗》所收录，诗人达 2 200 余人，诗歌近 5 万首。李白、杜甫、白居易是唐代最著名的三大诗人。唐诗的内容涉及到唐代社会生活的各个方面。

在艺术方面，有位于河南洛阳城南的龙门石窟寺艺术，它同甘肃的敦煌石窟、山西大同的云冈石窟并称中国古代佛教石窟艺术的三大宝库。龙门石窟凿于北魏孝文帝迁都洛阳（公元 494 年），直至北宋，现存佛像 10 万余尊，窟龛 2 300 多个。魏窟——公元 495 年魏宗室丘慧成开始在龙门山开凿古阳洞，公元 500～523 年魏宣武帝、魏孝明帝连续开凿宾阳洞的北、中、南三个大石窟，古阳洞和宾阳洞的修建共费人工 80 万以上，还开凿了药方洞和东魏时开凿的莲花洞等石窟。北朝石窟都在龙门山，古阳洞自慧成至东魏末 50 多年的营造，表现出更多的中国艺术形式，大佛姿态也由云冈石窟的雄健可畏转变为龙门石窟的温和可亲。以宾阳中洞主佛为代表的佛像，人物面部含着微笑，龙门石窟比云冈石窟表现出更多的中国艺术佛像。唐窟——最盛期是唐朝，占石窟总数的 60% 以上，武则天执政时期开凿的石窟占唐代石窟的多数。奉先寺是最具有代表性的唐窟，二菩萨 70 尺（唐代长度），迦叶、阿难、金刚、神王各高 50 尺（唐代长度），规模之大，在龙门石窟中可称得上第一，先后用了四年时间，武则天自己出钱二万贯。

龙门二十品是珍贵的魏碑体书法艺术的精品。代表了魏碑体，字形端正大方，气势刚健有力，是隶书向楷体过渡中的一种字体，有十九品在古阳洞内。

1961 年被国务院列为国家重点文物保护单位莫高窟（敦煌石窟、千佛洞），又名"千佛洞"，位于敦煌市东南 25 公里处、鸣沙山东麓的断崖上，是我国三大石窟艺术宝库之一（见图 4-1，图 4-2）。洞窟始凿于前秦建元二年（公元 366 年），后经历代增修，今存洞窟 492 个，壁画 45 000 平方米彩塑雕像 2 415 尊，是我国现存石窟艺术宝库中规模最大、内容最丰富的一座。1987 年被联合国教科文组织列为世界文化遗产。莫高窟的艺术特点主要表现在建筑、塑像和壁画三者的有机结合上。窟形建制有禅窟、殿堂窟、塔庙窟、穹隆顶窟、影窟等多种形制；彩塑有圆塑、浮塑、影塑、善业塑等；壁画有尊像画、经变画、故事画、佛教史迹画、建筑画、山水画、供养画、动物画、装饰画等不同内容，系统地反映了十

图 4-1　敦煌莫高窟图一

图 4-2　敦煌莫高窟图二

六国、北魏、西魏、北周、隋、唐、五代、宋、西夏、元等十多个朝代及东西方文化交流的各个方面，成为人类稀有的文化宝藏。莫高窟还是一座名副其实的文物宝库。在藏经洞中就曾出土了经卷、文书、织绣、画像等 5 万多件，艺术价值极高，可惜由于当时主持莫高窟的王道士愚昧无知，这些宝藏几乎被悉数盗往国外。现在莫高窟对面的三危山下，由敦煌研究院承建了敦煌艺术陈列中心，仿制了部分原大洞窟，使游客在莫高窟的观赏内容更加丰富多彩。在绘画方面，阎立本、阎立德兄弟为隋唐间著名的艺术家，绘有反映汉、藏友好关系的《步辇图》等。擅长绘山水画的有李思训、画佛、道人物的吴道子等。书法方面有对后世有很大影响的柳公权，笔画清劲遒美，人称"柳体"。

这一时期的园林也大为发展。北宋时期的李格非在《洛阳名园记》中提到，唐贞观开元年间，公卿贵戚在东都洛阳建造的邸园，总数就有 1 000 多处，足见当时园林发展的盛况。唐朝文人画家以风雅高洁自居，多自建园林，并将诗情画意融贯于园林之中，追求抒情的园林趣味。说园林是诗，它是立体的诗；说园林是画，它是流动的画。

中国园林从仿写自然美，到掌握自然美，由掌握到提炼，进而把它典型化，使我国古典园林发展形成为写意山水园阶段。如白居易、王维等都是当时的代表人物。后因五代十国的战乱，池塘竹树被兵车蹂躏，皆废而为丘墟，高亭大榭也都为烟火焚燎化为灰烬，唐代洛阳的园林艺术可以说是"与唐共灭而俱亡"了。

王维（公元 700～760 年）知音律，善绘画，爱佛理，在诗和山水画方面的成就最大。他是盛唐时期著名的诗人和画家，晚年在陕西蓝田县南终南山下作辋川别业（见图 4-3）。据《唐书》载："维别墅在辋川，地奇胜，有华子冈、歌湖，竹里馆，茱萸沜，辛夷坞"。《山中与裴迪书》中有："北垞玄灞，清月映郭。夜登华子冈，辋水沦涟，与月上下，寒山远水，明灭林外。深巷寒犬，吠声如豹。……步仄径，临清流也。当待春中，草木蔓发，卷山可望。轻倏出水，白鸥骄翼。"这种入画的描绘再从《辋川集》的诗句中，更可体会到王维别业的诗情画意了。

图 4-3　辋川别业局部

华子冈有："飞鸟去不穷，连山复秋色。上下华子冈，惆怅情何极。"等诗句，说明园林建筑建在山岭起伏，树木葱郁的冈峦环抱中的辋川山谷，隐露相合，是王维很得意的居处。在文杏馆一景有"文杏裁为梁，香茅结为宇"，用文杏木作栋梁，香茅草铺屋顶的文杏馆是山野茅庐的构筑，更富山野趣味了。

另外还有以树木绿化题名的辛夷坞、漆园、椒园等。虽然辋川别业今已不复存，从题名和诗情来看，辋川别业是有湖水之胜的天然山地园，别业所处的地理位置、自然条件未必胜过南方，但由于在造园中吸取了诗情画意的意境，精心的布置，充分利用自然条件，构成湖光山色与园林相结合的园林胜景。再加上有诗人的着力描绘，使得辋川别业处处引人入胜，流连忘返，犹如一幅长长的山水画卷，淡雅超逸，耐人寻味，既有自然情趣，又有诗情画意。

一代诗人白居易也像王维一样，游庐山时被自然景观所吸引，营建了庐山草堂。"堂前有平地广十丈，中为平台，台前有方池，广二十丈，环池多山竹野卉，池中种植有白莲，亦养殖白鱼。由台往南行，可抵达石门涧，夹涧有古松老林，林下多灌丛萝。草堂北五丈，依原来的层崖，堆叠山石嵌空，上有杂木异草，四时一色。草堂东有瀑布，草堂西依北崖用剖竹架空、引崖上泉水，自檐下注，犹如飞泉。草堂附近四季景色，春有杜鹃花，夏有潺潺门前溪水和蓝天白云，秋有月，冬有雪。"阴暗、显晦、晨昏，千变万化各有异景，犹如多变的水墨画了。

一、唐代长安城

唐代都城长安，以它的宏大的规模、严谨的规划著称于世（见图4-4）。在7世纪～9世纪的300年间，长安曾经是一个世界性的贸易、文化中心。长安城位于关中平原，在今西安市的市区所在地，北临渭水，西有沣河，东依灞、浐二水，南对终南山，气候温和，物产

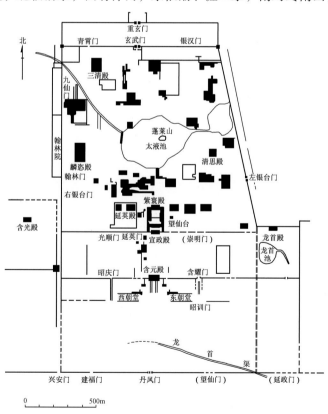

图4-4　唐代长安城平面图

丰富，山明水秀，风景宜人。秦代统一六国建立第一个统一的封建制国家，都城咸阳就设在关中平原的渭水北岸。西汉的都城长安，却在渭水南岸。隋代重新统一中国后，在西汉长安东南营建新都。隋文帝杨坚（公元541～604年）命令当时著名的建筑家宇文恺（公元555～612年）负责规划设计和督造，公元582年六月开始兴建，第二年三月就迁入新都宫城，定名大兴城。大兴城的面积达84平方公里，大约是西安城（明清时所建）的7倍多，规模之大是前所未有的。唐建国后，仍建都在这里，改名长安。唐代对长安城的规划布局没有大的变动，仅有局部修建和扩充。唐代经济文化的繁荣，以及对外贸易往来之频繁，比隋代大有发展，长安也随之成为当时世界上最大最繁荣的国际城市。

作为宫城和皇城的长安城的建设程序，是先建"宫城"和"皇城"，后建"外郭城"。宫城是皇帝居住的地方，位置在长安城中央的最北边。据记载，当时宫城的城墙高三丈五尺。宫城里有墙分隔成中、西、东三部分。西部名"掖庭宫"，是安置宫女学习技艺的地方。东部是"东宫"，专供太子居住和办理政务。中部隋时称"大兴宫"，唐代改名"太极宫"，又称"西内"或"大内"，是皇帝起居、办公和朝见群臣的主要宫廷。太极宫里的正殿名太极殿，北有两仪殿、甘露殿等，此外还有殿台楼阁几十所。宫城南边有正门承天门，南对皇城的朱雀门，以及外郭城的明德门。宫城北有玄武门（西）和安礼门（东）通禁苑。历史上著名的"玄武门之变"就是在宫城北门（西）发生的。

隋时宫殿建筑只这一处，到唐代又另外扩建了大明宫（东内）和兴庆宫（南内）两处宫殿群，总称"三内"。

长安城内地势不平，有东西向的六条丘陵岗地，俗称"六坡"。宫城所处的地方地势比较低而潮湿，因此唐太宗李世民（公元599～649年）于贞观八年（公元634年）在宫城东北隅龙首原上兴建永安宫，给他的父亲李渊（公元566～635年）居住。次年改名大明宫。龙朔二年（公元662年）唐高宗李治（公元628～683年）又大加改建，规模比太极宫还大。自李治以后，历代皇帝常居大明宫（又称东内）听政。大明宫正殿名含元殿，国家大典多在这里举行。含元殿北有宣政殿、紫宸殿，上朝在这里听政。此外，有延英殿、麟德殿等三十多所。其中麟德殿规模宏大，宫内宴会百官和接见使节等就在此殿。从发掘的遗址来看，它可算得上是唐代宫殿建筑的代表作。

兴庆宫也称南内，原是玄宗李隆基（公元685～762年）做晋王的时候在兴庆坊的旧居。李隆基即位后，开元二年（公元714年）置为宫，开元十四年（公元726年）扩建兴庆宫置朝堂，开元十六年（公元728年）竣工，此后玄宗基本上就在这里起居、听政。

长安城东南隅地势变化比较大，林木茂盛，低洼处形成水面，风景优美，秦汉时期就成为有名的风景区，为统治阶级所占有，秦代称"宜春苑"，汉代称"乐游苑"，隋代称"芙蓉园"。水面因为弯曲而称"曲江"。唐代因袭隋的旧称。曲江在唐代又经疏浚，水面范围据勘探南北约1 360米，东西约500多米，周长将近4公里。康骈《剧谈录》记载唐代曲江池的风景说："开元中疏凿为妙境，花卉周环，烟水明媚，都人游赏盛于中和节。江侧苑蒲葱翠，柳荫四合，碧波红蕖，湛然可爱。"此外，在曲江池四面建有楼亭行宫等多处，所以杜甫（公元712～770年）的《哀江头》中有"江头宫殿锁千门"的诗句。当时，唐代皇帝为了游乐，专从大明宫沿外郭城东墙修筑夹城作通道，以便往来于兴庆宫和芙蓉园。曲江池水向西北流入晋昌坊慈恩寺和寺南的"杏园"，这两处也是长安城里的游览胜地。除曲江池之外，为解决长安城的给排水（居民饮用水主要靠水井，城市雨水排泄靠沟渠）和航运交通问题，同时便于绿化和改善小气候，当时修建了几条渠道引水入城。在南城开凿了永安渠和清明渠。永安渠引交水北流入城，经西市的东侧又北流出城入苑，再北流注入渭河。渠的两岸都种植茂密的柳树，王建（约公元 767~830 年）《早春五门西望》诗句："宫松叶叶墙头出，渠柳条条水面齐，就描写了宫城里的松树和永安渠两侧植柳的情况。清明渠在永安渠之东，引沈水北流经安化门西侧入城，向北引入皇城，再入宫城里注为三海（"南海"、"西海"、"北海"，都在太极宫西部）。"

在城东修龙首渠，引浐河的水入城。龙首渠分两支，一支由东城春明门北流入城，向西入兴庆宫注为"龙池"，再往西流入皇城，然后向北流入太极宫注为"山水池"，再往北流注为"东海"。另一支于东城外北流，经城东北隅，折而西流入大明宫东内苑注为"龙首池"，然后又出而西流，经大明宫丹凤门里向西出大明宫而入西内苑，到光化门东汇合永安渠，北流入渭河。这些水渠的开凿和引用，大都是为美化统治者的宫廷而设计的。同时由于渠水的便利，当时不少官僚贵族以及商贾之家都引各渠的水入第，建造私家的山池院。因此，长安城出现了不少著名的私家园林，成为官僚以及文人骚客们饮宴兴会之所。

二、华清宫

唐朝所建著名园林之一是华清宫，至今保存比较完整（见图 4-5）。它位于陕西临潼县的骊山之麓，以骊山脚下涌出的温泉得天独厚和以杨贵妃赐华清池的艳事而闻名于世。华清宫的最大特点是体现了我国早期出现的自然山水园林的艺术特色，随地势高下曲折而筑，是因地制宜的造园佳例。这里青松翠柏遍岩满谷，风光十分秀丽。绿荫丛中，隐现着亭、台、轩、榭、楼、阁，高低错落有致，浑然一体。登上望京楼，还可远眺近览，远望山形，犹如骊马，故名"骊山"。造园家利用骊山起伏多变的地形布置园林建筑，大殿小阁鳞次栉比，楼台亭榭相连，奇树异花点缀其间，风光十分秀丽。尤其当夕阳西下，落日的余晖犹如给清秀山岭抹上一片金色，更加神奇绚丽，所谓"骊山晚照"，被誉为"关中八景"之一。华清池亦名华清宫，是全国第一批重点风景名胜区，1997 年国务院公布华清宫遗址为全国第四批

图 4-5　华清宫鸟瞰图

29

重点文物保护单位。紧依京城的地理位置，旖旎秀美的骊山风光，自然造化的天然温泉，吸引了在陕西建都的历代天子。周、秦、汉、隋、唐等历代封建统治者都将这块风水宝地作为他们的行宫别苑。围绕朝代的兴亡更替，华清池的盛衰变迁，文人墨客寻古觅幽，感叹咏怀，创作了《长恨歌》等无数流传千古、脍炙人口的诗词歌赋，成为我国古代文化遗产的重要组成部分。

华清池的悠久历史可以追溯到原始社会。早在六千年前的氏族社会，这里就有原始先民活动的足迹，他们是骊山温泉最早的利用者。西周末期周幽王就在今华清池所在地修建"骊宫"；"千古一帝"秦始皇于此"砌石起宇"名曰"骊山汤"；汉武帝时，在秦汤基础上进行修茸；北周武帝造"皇堂石井"；隋文帝开皇三年（公元583年）重加修饰，为美化环境而"列松柏数千株"，以点缀温汤风景。贞观十八年（公元644年）唐太宗李世民营建"汤泉宫"，竣工以后太宗率文武百官临幸新宫，亲笔御书《温泉铭》。唐玄宗开元、天宝年间几经扩建，公元747年10月新宫落成，易名"华清宫"。"高高骊山上有宫，朱楼紫殿三四重"，宫城倚山面渭，依骊山山势而筑，以朝元阁所在的西绣岭第三峰和温泉总源为轴线，向四周辐射展开，既合理地利用了温泉，又体现了皇宫严谨的布局。宫周筑罗城，修登山辇道和通往长安的复道，内置百官衙署和公卿府第。"长安回望绣城堆，山顶千门次第开"至此，华清池达到了它的历史鼎盛时期。华清池是以唐玄宗与杨贵妃的爱情罗曼史而著称的。"帝辇恒从十月来，羽骑云游应山绿"，据记载，从公元745年~755年的每年10月，唐玄宗都要偕贵妃和亲信大臣来华清宫"避寒"，直至翌年暮春才返回京师长安。其间处理朝政、商议国事、接见外使都要在这里进行，华清宫逐渐成为当时的政治中心。"渔阳鼙鼓动起来，惊破霓裳羽衣曲"，天宝十四载（公元755年）发生安史之乱，玄宗弃京师急携杨贵妃姐妹西逃，至此，华清宫由盛转衰。五代残唐以后，随着政治、经济中心的转移，华清池失去了它的特殊地位。

华清池在中国现代革命史上也有重要的地位，1936年12月12日，震惊中外的"西安事变"就发生在此，华清池内至今仍完好地保留着当年蒋介石行辕旧址五间厅。建国以后经过几次大规模的修茸、扩建，古老的华清池又焕发出青春的光彩，虽不及唐时规模宏大，但也不亚昔日之富丽典雅。1959年，著名文学家郭沫若在此参观时，欣然提笔写下了"华清池水色清苍，此日规模越盛唐。不仅宫池依旧制，而今庶民尽天王"。

华清宫苑中的华清温泉，发现于三千年前的西周。唐太宗利用温泉水建温泉宫，至唐玄宗时改为华清宫，并利用泉水建成华清池（见图4-6）。水面有分有

图4-6　华清池九龙湖

聚，以聚为主，则给人以池水漫漫，清澈开朗，深邃莫测之感；以分为主，则产生虚实对比，萦徊曲折，无限幽深之意境。

这里春天山花烂漫，重峦叠翠。入夏，一池湖水，凝碧浓绿，凉爽宜人（见图4-7）；秋日，枫、松相映，灿若明霞；隆冬时节，白雪银妆，娇娆迷人。一年四季景色不同，一天四时景色各异。

图4-7　芙蓉湖

三、大明宫

唐朝大明宫遗址在陕西省西安市东北龙首原上（见图4-8）。唐代贞观八年（公元634年），太宗李世民为供其父李渊避暑，于长安宫城东北角禁苑内修建永安宫，次年改名大明宫。龙朔二年（公元662年）高宗李治加以扩建，一度改名蓬莱宫，后成为唐代帝王在长安居住和听政的主要场所。唐末毁于战乱。1961年其遗址定为全国重点文物保护单位。

大明宫高踞龙首原上，遥对终南山，俯瞰长安城，规模宏大，气势壮阔。宫城平面呈不规则长方形，南宽北窄。北墙长1 135米，南墙（即长安城北垣的一段）长1 674米，西墙与南北墙垂直，长2 256米，东墙倾斜有曲折。宫城内有三道平行的东西向宫墙。所有宫墙均为夯土墙，仅在同城门相接处和城墙转角处内外表面砌砖。城基宽13米多，深1米多，城墙底宽10米多。宫城北部的东、北、西三面城墙之外平行筑有夹城。西、东两面的夹城距宫城均为55米，北夹城距宫城160米。宫城南墙正中的丹凤门为正门，东有延政、望仙二门，西有建福、兴安二门；西墙中部有右银台门，其北有九仙门；东墙有左银台门；北墙正中为玄武门，其东有银汉门，西有青霄门，玄武门正北夹墙有重玄门。北门一带是当时北衙禁军的驻地，关系到宫廷的安危，所以在不到200米距离内设了三道门（包括玄武门内的重门），门的基址尚存。

据记载，大明宫分为外朝、内廷两部分。外朝沿袭唐太极宫的三朝制度，沿着南北向轴线纵列了大朝含元殿、日朝宣政殿、常朝紫宸殿。三殿东西两侧建有若干殿阁楼台。外朝部分还附有若干官署，如中书省、门下省、弘文馆、史馆等。内廷部分以太液池为中心。池中建蓬莱山，池周布置曲廊。周围殿宇厅堂、楼台亭阁罗布，寝殿在池南。这是帝王后妃起居游憩的场所。各殿具体位置有待于进一步的考古发掘确定。

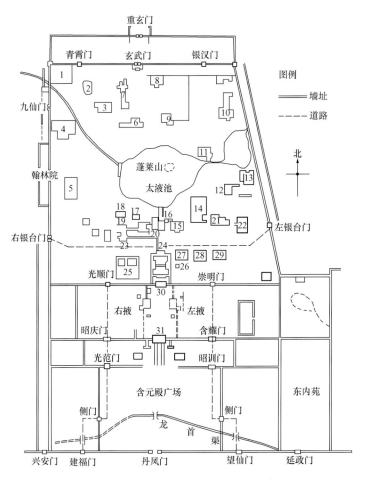

图 4-8　大明宫平面图

1—大福殿；2—三清殿；3—含水殿；4—拾翠殿；5—麟德殿；6—承香殿；7—长阁；8—元武殿；
9—紫兰殿；10—望云楼；11—含凉殿；12—大角观；13—玄元皇帝庙

含元殿，大明宫中轴线上的第一座宫殿，是举行重要典礼仪式的场所。含元殿利用龙首原高地为殿基。现残存遗址高出南面地坪 10 余米。殿东、北、西三面为夯筑土墙，白灰抹面。殿宽 11 间，每间面阔 5 米多，进深 4 间，北墙距北内槽柱中心 5 米，内槽柱南北跨距 9.8 米，殿四周为副阶围廊。殿址上现存方形柱础一座，下面方形部分长宽各 1.4 米，高 0.52 米，上凸覆盆高 10 厘米，上径 84 厘米。仅从这一构件的尺寸，可见含元殿的尺度规模。殿前龙尾道长 75 米，道面平铺素面方砖，坡面铺莲花方砖，两边为有石柱和螭首的青石勾阑。含元殿东西两侧前方有翔鸾、栖凤两阁，以曲尺形廊庑与含元殿相连。这组庞大的宫殿建筑群，体现了唐代建筑的雄浑风格，成为后世宫殿的范例。

麟德殿，是皇帝举行宴会、观看杂技舞乐和作佛事的场所，位于太液池正西高地上，距宫城西墙90米。宫殿遗迹的台基夯土筑成，周围砌有砖壁，呈长方形，南北长130余米，东西宽约77米，上下二层，殿堂、廊庑建在上层台基之上，麟德殿由前殿、中殿、后殿组成，中殿为主殿，东西宽9间（两山墙各占一间除外），南北进深5间，殿内有两道隔墙，将殿分成东、中、西三部分，中部5间，两侧各2间，地面铺0.2米厚石板。前殿东西宽亦为9间，两山与中殿齐，前后无墙，两端两间进深4间，当中7间进深3间，地面也铺石板。后殿与中殿仅一墙之隔，两山与中殿两山对齐，进深3间，地面铺方砖，殿周环以回廊。殿后侧东面为郁仪楼，西面为结邻楼，两楼前为东亭、西亭。楼、亭均建于夯土高台上，楼亭廊庑衬托着三殿，构成一组具有唐代特色的大型建筑组合。

四、兴庆宫

兴庆宫遗址在陕西省西安市东郊，为唐长安三座皇宫之一，其他两座为大明宫、太极宫。开元二年（公元714年）就唐玄宗旧居五王子宅所在的兴庆坊建成。宫殿为非对称布局，南部有较大的园林区，具有离宫性质。唐天佑元年（公元904年）毁。

据记载，兴庆宫以一道东西横墙隔为南北两部分。北部为宫殿区，正门兴庆门在西墙；南部为园林区。东面通过夹城与大明宫连通。正殿为兴庆殿，主要建筑还有大同殿、南薰殿、新射殿等。龙首渠横贯宫殿区，在瀛洲门东侧穿越东西横墙注入园林区的龙池。园林区以龙池为中心，东北角有沉香亭。宫的西南方有勤政务本楼和花萼相辉楼，是唐玄宗宣布大赦、改元、受降、受贺、接见、宴饮的地方。整座宫殿没有一条全局的中轴线，这在古代宫殿建筑中是罕见的。遗址南北1 250米，东西1 080米。1958年在遗址范围内进行过发掘，其中有一座门址，面阔五间，长26.5米，进深三间，宽19米，进深的中间一间除明间处开门道外，西侧为夯土台，土台外侧接南面宫墙。这遗址曾被认为是勤政务本楼遗址。但也有人认为，与文献所载的位置、规模都不相合。

五、曲江池

曲江池是中国唐代著名的风景区，在唐长安城东南隅，因水流曲折得名（见图4-9）。这里在秦代称恺洲，并修建有离宫称"宜春苑"，汉代在这里开渠，修"宜春后苑"和"乐游苑"。隋营京城（大兴城）时，宇文恺凿其地为池。隋文帝称池为"芙蓉池"，称苑为"芙蓉园"。唐玄宗时恢复"曲江池"的名称，而苑仍名"芙蓉园"。据记载，唐玄宗时引产水，经黄渠自城外南来注

图4-9 曲江池遗址

入曲江，且为芙蓉园增建楼阁。芙蓉园占据城东南角一坊的地段，并突出城外，周围有围墙，园内总面积约 2.4 平方公里。曲江池位于园的西部，水面约 0.7 平方公里。全园以水景为主体，一片自然风光，岸线曲折，可以荡舟。池中种植荷花、菖蒲等水生植物。亭楼殿阁隐现于花木之间。唐代曲江池作为长安名胜，定期开放，享城百姓均可游玩，以中和（农历二月初一）、上巳（三月初三）最盛；中元（七月十五日）、重阳（九月九日）和每月晦日（月末一天）也很热闹。现在池址仍在，园林设施均已湮没。

六、九成宫

九成宫始建于隋文帝开皇十三年（公元 593 年）二月，竣工于隋开皇十五年（公元 595 年）三月，开始名叫"仁寿宫"，是文帝的离宫。唐太宗贞观五年（公元 631 年）修复扩建，更名为"九成宫"，"九成"之意是"九重"或"九层"，言其高大。唐高宗时曾改名为"万年宫"，意指颐和万寿，后又恢复原名。

隋唐时期的宏伟建筑九成宫，周垣有 1 800 多步，曾建成延福、排云、御容、咸亨、大全、永安、丹霄等大型宫殿。现在还留有凤台、唐王点将台、梳妆台、醴泉、唐井、官坪等遗址。

科学考察证实，九成宫是以麟游天台山为主峰的大型建筑群。发掘出的大型宫殿遗址有 10 多处。天台山南发掘出的 3 条长廊走道，其中两条宽达 12 米、1 条宽 9 米，与宫廷相连。此殿址的北面、杜水岸边发现有游船码头遗迹，可知当初九成宫中尚有内海，并有游艇船只。

唐代初年，唐太宗因南征北战而积劳成疾，群臣建议修筑离宫，以避炎暑。太宗决定以隋仁寿宫为基础，加以修缮，并改名为九成宫。自贞观六年到十八年，唐太宗曾五次来九成宫避暑。

《九成宫醴泉铭》碑是唐代著名书法家欧阳询的代表作，被誉为楷书之宗。碑文的作者是唐代著名宰相魏征，文中记载了唐太宗在九成宫寻找水源的故事。贞观六年，唐太宗到九成宫避暑。因宫中缺水，太宗亲自寻找水源。一天，太宗散步到城西碑前处，看到那里的土壤有些湿润，他用手杖疏通了一下，随即一股清澈甘甜的泉水就涌出地面。于是起名醴泉，周围修起石栏，开凿石渠将水引入宫内。《九成宫醴泉铭》描绘九成宫："冠山抗殿，绝壑为池，跨水架楹，分岩竦阁，高阁建周，长廊四起，栋宇胶葛，台榭参差，仰观则落遗百寻，下临则峥嵘千仞。珠壁交映，金碧相辉，照耀云霞，蔽亏日月。"唐代名画家李思训曾作《唐九成宫纨扇图》，直观地描绘了九成宫的景象。

唐高宗李治登基，又将九成宫改名为"万年宫"，他和皇后武则天先后来过八次。除隋唐两代帝王、文武重臣外，一些文人学士也曾涉足九成宫。王勃在这里写有《九成宫表与颂》，卢照邻在这里写有《病梨树赋》，王维、杜甫、李商隐、吴融等唐代著名诗人均在这里写过咏颂麟游山水的不朽诗篇，医学家孙思邈还在石臼山采过药，真是"物华天宝，人杰地灵"。继唐玄宗之后壮丽的九成宫因无人居住和管理而逐渐荒芜，终于在唐代末年毁于洪水。

第三节　寺　观　园　林

隋唐时期，佛教、道教、儒教迅速发展，寺观的建筑布局形式趋于统一，即为伽蓝七堂式。此时的寺观不仅仅是举行宗教活动的场所，还是民众交往、娱乐的活动中心。此时的文人也把对山水的认识引入寺观氛围，这种世俗化、文人化的浪潮促使寺庙园林的建设产生了飞跃。唐代长安的慈恩寺以牡丹、荷花最为有名。到慈恩寺赏牡丹、赏荷，成为一时之风气。这一时期寺观壁画极为繁荣，好多文人画家参与其中，同时也反映了部分园林的活动内容。由于隋唐统治者对佛道的提倡，庙宇建筑遍布全国，长安、洛阳等地寺观尤为壮丽，其中壁画大多出自著名画家之手，如隋代展子虔，唐代阎立本、吴道子等人，都以宗教壁画著称。隋唐时代社会富庶，寺观壁画皆规模宏伟，色彩富丽，其艺术水平大大超过往代。壁画中描绘了佛国的庄严美丽，楼台殿阁、树木花鸟、七宝莲池、歌舞伎乐，呈现一片欢乐气氛。随着唐代绘画题材的扩展，山水、花鸟也更多地作为佛像背景及寺观装饰而被描绘在壁画上。吴道子每于佛寺画怪石崩滩，若可扪酌；慈恩寺东院有王维、郑虔、毕宏所画山水，王维还于清源寺壁上画辋川图。僖宗中和（公元 881～885）年间，张询入蜀在成都昭觉寺大慈堂画吴中早、午、晚三景山水。

寺观不仅在城市兴建，而且遍及郊野。但凡风景优美的地方，尤其是山岳风景地带，都有寺观的建置，"天下名山僧占多"。全国各地以寺观为主体的山岳风景名胜区，到唐代差不多都已陆续形成。如佛教的大小名山，道教的洞天、福地等，既是宗教活动的中心，又是风景游览的胜地。寺观作为香客和游客的接待场所，对风景名胜区的区域格局的形成和原始型旅游的发展起着决定性的作用。佛教和道教的教义都包含着尊重大自然的思想，又受到魏晋南北朝以来形成的传统美学思潮的影响，寺观建筑当然力求与自然山水环境和谐，起着风景建筑的作用。郊野的寺观把植树造林列为僧侣的一项公益活动，也有利于自然风景区的环境保护。因此郊野的寺观往往内部花繁叶茂、外围古树参天，成为游览的对象、风景的点缀。许多寺观的园林绿化及其栽培的名贵花木，在当时的文人诗画中常有体现。

第五章 园林的成熟期——宋元苑园

第一节 宋 代 园 林

唐诗宋词，唐宋时期在我国历史上是诗词文学的极盛时期，绘画也很流行，出现了许多著名的山水诗、山水画。文人画家陶醉于山水风光，企图将生活诗意化。借景抒情，融汇交织，把缠绵的情思从一角红楼、小桥流水、树木绿化中泄露出来，形成文人构思的写意山水园林艺术。两宋时期是山水画家辈出和山水画派迭现的时代，这些画家继承并发展了南北朝、隋、唐山水画家的优秀传统，把中国山水画推向了前所未有的高峰，形成了北宋时期的中原画派与院体山水画，北宋晚期的"米点山水"与"青绿山水"，以及南宋四大家为代表的南宋院体山水画。

中原画派以李成、范宽为代表，李成因徒居山东营丘，便常以齐鲁原野的自然环境为描绘对象；范宽长期居住在终南山和大华山，他的画也就崇山雄厚、巨石突兀、林木繁茂、气势逼人。北宋政权统一后，江南的画家们相继北上，这就冲击了以中原画派为主流的北宋山水画，南北画派开始了融合，便形成了以郭熙为代表的院体山水画。

北宋山水画的另外画派就是"米点山水"和"青绿山水"。"米点山水"的创始人是米芾，他是北宋四大书法家之一，祖籍山西太原，后来移居襄阳、镇江等地，长江沿岸常常能看到的雾雨漤漤的云山烟树景象启发了他，于是他在山水画技法上进行了新的创造，用水墨点染的办法来画山水，以充分发挥水墨的融合。墨色晕染所形成的效果，形成了含蓄、空漤的神韵之趣。

再就是"青绿山水"，从隋朝的展子虔，到唐代的李思训父子，这一画派就已形成。但五代宋初，此种形式却为士大夫画家所不尚，被看成是职业画家的匠俗之作，曾一度在北宋消沉。北宋中期，一些画家们力排众议，又重新致力于"青绿山水"，创造出适合宫廷欣赏趣味的典丽的青绿山水画，使青绿山水画进入了成熟时期，其著名的代表画家有王希孟、赵伯驹等。

北方民族入侵，宋室南迁，称为南宋，在新的都城临安建立了南宋画院。由于政治上的变迁和画家生活地区的由北南移，使南宋的绘画艺术从内容到风格都有了新的变化，出现以李唐、刘松年、马远、夏圭这"南宋四大家"为代表的南宋院体山水画（见图5-1，图5-2）。南宋院体山水画与北宋院体山水画已有了明显的不同，他们弃置北宋以来以主峰为中心的高山激流式构图和细密繁复的笔墨，而创新为简笔化、单纯化的形式。

两宋时代，是画家辈出和画派林立的时代，文人画兴起于北宋初期，苏轼最早提到"文人画"这一概念，文人画的意思是指区别于民间画工和宫廷画师风格的文人、士大夫的绘画，其主要特点是主张以抒发作者的主观情趣为目的；取材花鸟竹石、水波烟云、借物寓意、回避现实；在创作方法上不受程式束缚，在艺术形式上强调诗、书、画、印的结合等。文人画的兴起，促进了中国山水画和花鸟画的发展。

图 5-1 马远《踏歌图》　　　　　图 5-2 刘松年《四景山水图》

这些文人画家本人也亲自参加造园，所造之园多以山水画为蓝本，诗词为主题，以画设景，以景入画，寓情于景，寓意于形，以情立意，以形传神。楹联、诗对与园林建筑相结合，富于诗情画意，耐人寻味。因此，由文人画家参与园林设计，使三度空间的园林艺术比一纸平面上的创作更有特色，对造园活动带来深刻影响，所以，经文人画家着意经营的园林艺术达到了妙极山水的意境。

郭熙在《林泉高致》中表达的看法很能说明当时的情况。他说："……林泉之志，烟霞之侣；梦寐在焉，耳目断绝。今得妙手，郁然出之，不下堂筵，坐穷泉壑，猿声鸟啼，依约在耳，水光山色，荡漾夺目，此岂不快人意，实获我心哉，此世之所以贵夫画山水之本意也"。

他又说："山本有可行者，有可观者，有可游者，有可居者……"，但"可行可望，不如可居可游之为得。何者？观今山川，地占数百里，可游可居之处，十无三四，而必取可居可游之品，君子所以渴慕林泉者，正谓此佳处故也"。

这种对山水画的看法也深刻反映了造园的观点。可行可望只是一般的欣赏，可居可游才能"得其欲"，绘画也不过是纸上的，而营造园林则更可以"快人意，实获我心哉"。因此，宋代的造园活动由单纯的山居别业转而在城市中营造城市山林，由因山就涧转而人造丘壑。因此，大量的人工理水，叠造假山，再构筑园林建筑成为宋代造园活动的重要特点。

唐、宋的写意山水园以汴京（今开封）西北角的著名园林"寿山艮岳"为代表。"寿山艮岳"是北宋有名的皇家园林，宋徽宗政和七年（1117年）兴工，宣和四年（1122年）竣工，初名万岁山，后改名艮岳、寿岳，或连称寿山艮岳，亦号华阳宫，1127年金人攻陷汴京后被拆毁。宋徽宗赵佶亲自写有《御制艮岳记》，"艮"为地处宫城东北隅之意。艮岳位于汴京（今河南开封）景龙门内以东，封丘门（安远门）内以西，东华门内以北，景龙江以南，周长约 3 公里。艮岳突破秦汉以来宫苑"一池三山"的规范，把诗情画意移入园林，以典型、概括的山水创作为主题，在中国园林史上是一大转折。苑中叠石、掇山的技巧以及对于山石的审美趣味都有提高。苑中奇花异石取自南方民间，运输花石的船队称为"花石纲"。寿山艮岳是先构图立意，然后根据画意施工建造的，园的设计者就是以书画著称的赵佶本人。喜好游山玩水的宋徽宗，更喜欢造园，达到玩物丧志的地步。他在位时，命平江人朱缅专门搜集江浙一带奇花异石进贡，并专门在平江设应奉局狩花石。载以大舟，挽以千夫，凿河断桥，运送汴京，营造艮岳。

全园以山石奇秀、洞空幽深的艮岳为国内各景的构图中心。"山周十余里，其最高一峰九十步，上有介亭，分东西二岭，直接南山"。艮岳的掇山，雄壮敦厚，是整个山岭中高而大的主岳，而万松岭和寿山是宾是辅，形成主从关系，这就是我国造园艺术中"山贵有脉"、"冈阜拱状"、"主山始尊"的造园手法。

介亭建于艮岳的最高峰，成为群峰之主，是全园的主要景观。这在山水画的创作中叫做"先立宾主之位，次定远近之形"。有了这种总的原则，再加上恰到好处的叠石理水，使得山无止境，水无尽意，"左山而右水，后溪而旁陇"，山因水活，绵延不尽，山水生动。

艮岳的叠石理水，也为以后的造园积累了很好的经验。"寿山两峰并峙，列峰如屏，瀑布下入雁池，池水清澈涟漪，凫雁浮泳水面，栖息石间，不可胜数"。池水出为溪，自南向北行岗脊两石间，往北流入景龙江，往西与方沼、风池相通，形成了谷深林茂，曲径两旁完好的水系。合理的水系，形成艮岳极好的布局，所谓"穿凿景物，摆布高低"。艮岳的东麓，植梅万株，以梅取胜，之西是药用植物配置。西庄是农家村舍，帝王贵族往往"放怀适情，游心玩思"，欣赏田野风味。

根据不同的景区要求，布置艮岳中的建筑。亭、台、轩、榭等，疏密错落，有的追求清淡脱俗、典雅宁静，有的可供坐观静赏，而在峰峦之势，则构筑可以远眺近览的建筑，如介亭等。

艮岳是以山、池作为园林的骨干，但欣赏景点的位置常设在建筑物内，因此这些建筑不仅是休息的地方，而且也是风景的观赏点，具有了使用与观赏的双重作用。艮岳中也有宫殿，但它已不是成群或成组为主的布置，而是因势因景点的需要而建，这与唐以前的宫苑有了很大的不同。

因地制宜的造园原则，使艮岳构园得体，精而合宜。如依山势建楼，有依翠楼，降雪楼等。沼池有洲，洲中植梅或植芦，亭、榭隐于花树之间，形成隐露的庭园景色。这种见树当荫，园中有院，依山就势的园林布置手法，使得造园意境更富有情趣。所谓"宜亭斯亭，宜榭斯榭"。这种因地制宜的造园原则的运用，使得艮岳如"天造地设"，"自然生成"。

艮岳中养禽兽较多，但其功能作用有了根本的变化，已不再供狩猎之用，而是起增加自然情趣的作用，是园林景观的组成部分之一。

艮岳的营建，是我国园林史上的一大创举，它不仅有艮岳这座全用太湖石叠砌而成的园林假山，更有众多反映我国山水特色的景点；它既有山水之妙，又是有众多的亭、台、楼、阁的园林建筑，它是一个典型的山水宫苑，成为宋以后元、明、清宫苑的重要借鉴，元、明、清的宫苑就是在继承这一传统的山水宫苑基础上进一步发展而来的。

第二节　北宋洛阳园林实例与《洛阳名园记》

在唐代，洛阳是陪都，因此贵族官僚们在洛阳兴建了许多园林。在北宋初年，李格非所作《洛阳名园记》中，介绍了洛阳名园十九个，多数是在唐朝庄园别墅园林的基础上发展过来的，但在布局上已有了变化。与以前园林不同的是：它的园景与住宅分开，园林单独存在，专供官僚富豪休息、游赏或宴会娱乐之用。这种小康式的私家园林，只是私家游赏。在十九个名园中，既有花园也有游憩的宅园，每个园都各具特色。

一、花园类型

1. 天王院花园子

天王院花园子，园中既无池也无亭，独有牡丹十万株，牡丹花开时，花园的吸引力是非常大的，这种专供赏花而建的园林在我国古典园林中还是少见的。

2. 归仁园

归仁园，原为唐丞相朱僧孺所有，宋时属中书李侍郎（李清臣），该园是洛阳城市中一个花簇锦绣、植物配置种类繁多，以花木取胜的园子。它与天王花园子不同，天王花园子是单一的牡丹园，花过即游园结束，而归仁园则是一年四季花期不断，真可以说是百花园了。

3. 李氏仁丰园

李氏仁丰园是名副其实的花园类型的园林，不仅洛阳的名花在李氏仁丰园中应有尽有，远方移植来的花卉等也种植，总计在千种以上。更值得注意的是，从该园的记载中我们可以断定，至少是在宋代，已用嫁接的技术来创造新的花木品种了，这在我国造园史上是了不起的成就。李氏仁丰园也不单单养花木，也有四并、迎翠、灌缨、观德、超然五亭等园林建筑，供人们在花期游园时赏花和休息之用。

二、游憩园类型

1. 董氏西园

董氏西园的特点是"亭台花木，不为行列"，也就是说它的布局方式是模仿自然，"又取山林之胜"。入园门之后，起景点是三堂相望，一进门的正堂和稍西一堂划为一个景区，过小桥流水有一高台。这里在地形处理上注意了起伏变化，不使人进园后有一览无余之感，又可以说是障景和引人入胜的设计手法。

如登高台而望，则可略观全园之胜。从台往西，竹丛之中又有一堂，在树木浓郁，竹林深处有石芙蓉（荷花），更有"水自花间涌出"。在幽深的竹林之中，有令人清心的涌泉，使人"开轩窗四面甚敞，盛夏燠暑，不见畏日，清风忽来，留而不去"。这里确实是盛夏纳凉的好去处，更是有"幽禽静鸣，各夸得意"，使人流连忘返了。

循林中小路穿行，可达清水荡漾的湖池区，这种先收后放的设计方法，创造出豁然开朗的境界，湖池之南有堂与沏池之北的高亭遥相呼应，形成对景。登亭又可总览全园之胜，但又不是一览无余，"堂虽不宏大，而屈曲甚苗，游园至此，往往相失，岂前世所谓迷楼者类也"。小小的西园，意境幽深，空间变化有致，不愧为"城市园林"。

2. 董氏东园

董氏东园是专供载歌载舞游乐的园林。园中宴饮后醉不可归，便在此坐下，"有堂可居"。记载说明当时园中有的部分已经荒芜，而流杯亭、寸碧亭尚完好，其他的景观与建筑

内容不多，而比较有特色的是除了有大可十围的古树外，西有大池，四周有水喷泻池中而阴出，故朝夕如飞瀑而池水不溢出，说明此园的水景有其高人一等的地方。名园记中说，洛阳人盛醉的到了这里就清醒，故俗称醒酒池，恐怕主要是清意幽新的水面和喷泻的水，凉爽宜人，使人头脑清新，这真是水景的妙用。

3. 刘氏园

刘氏园以园林建筑取胜，最为突出的是凉堂建筑高低比例构筑非常适合人意。又有台一区，在不大的建筑空间中，楼横堂列，廊庑相接，组成完整的建筑空间，又有花木的合理配置，使得该园的园林建筑更为优美。说明宋代的园林，不仅重视绿化的配置，而且也相当成熟了。

4. 丛春园

丛春园的树木皆成行排列种植，这种西方园林绿化的布置方式宋代以前还不多见，在洛阳各园中恐怕也是只此一园。不过由于唐宋时期对外交流已相当多，因此西方园林绿化配置方法被应用于我国古典园林艺术中，也不是没有可能的。

丛春园的另一特点是借景与闻声，《名园记》中写道："其大亭有丛春亭、先春亭，丛春亭出茶园架上，北可望洛水，益洛水自西汹涌奔激而东，天津桥者，垒石为之，直力搐其怒而纳之于洪下，洪下皆大石，底与水争，喷薄成霜雪，声闻数十里。予尝穷冬月夜登是亭，听洛水声，久之觉清冽侵入肌骨，不可留，乃去"。丛春院的设计手法有其独特之处，别出心裁的辟地建亭得景，借景园外，景、声俱备，为我所用的借景手法是极为成功的。

5. 松岛园

古朴幽雅的松岛，在唐朝时为袁象先园，宋为李迪公园，后为吴氏园。园中多古松，数百年苍劲的古松参天，形成本园的一大特色，松岛园也就此得名。特别是在园的东南隅，双松尤奇。从记载中看，园中还有茅草搭建的亭榭，植竹其旁，又可以说是竹篱茅舍了。这种古雅幽静、野趣自然的园林建筑，也多为现代园所借鉴，实为我们今日造园者样板。

6. 东园

东园坐落在土地贫瘠的城东，那里有一片浩渺弥漫的大湖，舟游湖上，如江湖间。以水景为主，形成动观的园林布局，又有渊映、摄水二堂建筑，倒映水中，成为水景中的主要建筑，而在湘肤、药圃二堂间列水石，这说明叠石理水的处理手法是有创新的，建筑之间以水石过渡，自然又丰富了园景。因地制宜地充分利用地形，形成景色优美的水景园。该园的另一特点，是将原来的药铺圃改建为园，与水景结合，使得园林内容更为丰富。

7. 紫金台张氏园

紫金台张氏园是借景湖水，并引水于园中，又设置四亭，供游园者远眺近览，是一个非常好的游憩类的园林。

8. 水北、胡氏二园

水北、胡氏二园是相距仅十多步的两个园子，它们的主要特点是依就地势，沿渭水河岸掘窑室，开窗临水，远眺"林木荟蔚，烟云掩映，高楼曲榭，时隐时见，使画工极思不可图……"。近览花草树木荟萃，远眺近览皆有景可借，由于"相地合宜"，方达到"天授地设"的境界，当然无须人为施巧，而能"构图得体"，成为洛阳城中胜景。

9. 独乐园

独乐园是北宋著名的历史学家司马光居洛阳时所创的园林，建于神宗熙宁六年（公元1073年），当时王安石任宰相，推行新法，而司马光则是反对派的代表，因此依据其本人的请求出任洛阳西京御史台。园名"独乐"，按他自己的解释：与民同乐是王公大人之乐，"一箪食一瓢饮，不改其乐"是圣贤之乐，而自认为既非王公大人，又非圣贤，自伤不得与众同，故只能独乐，以尽其分而安之。

独乐园是我国古园中以小胜多的范例。占地仅二十亩，主体建筑读书堂只有数十椽屋，浇花亭亦小，弄水、种竹二轩犹小，见山台高不过寻丈。其庭园的布置采用当时常见的模式，以水池为中心，池中筑岛，池岸环列各种建筑和景物。池南是读书堂，堂南为一组院落，以弄水轩为主体，院中有渠、有池，水自池北由管涵中流出，在北阶下悬注池中，再分而为渠绕庭四隅，会于西北出院。这是一区与水景结合的小院，颇为生动清幽，池方及深各为三尺，有时覆板池上，中置壶，外以榻绕之，进行探壶游戏。《温国司马文正公集》中有诗云："轩前红薇开，壶下鸣泉落。"大池之北是种竹斋，前后多植美竹，横屋六楹，东辟门，南北开窗，厚其塘池，是清暑之所。池东有采药圃，杂种草药，圃北又植竹，并将竹按屋柱及廊的形式及位置种植，竹梢相交扎结，以形成屋和廊的形式，药圃之南是花栏，栽芍药、牡丹及杂花，花栏以北有亭名浇花亭。池中岛上也栽竹，中间留出一块圆形空地，径三丈，又扎结竹梢形成圆庐之状，称作钓鱼庵。另外在园中起台，其上构屋，遥望四外群山，称之为见山台。

独乐园无论在占地面积还是园中景物数量上说，都无法与当时洛阳其他名园相提并论，但因司马光在当时名望很高，连小孩都知道他在幼年破缸救人的故事，按洛阳宋时的习俗，每到开春都市居民都要涌向各家园池中赏春游玩，独乐园也因司马光的缘故每年有许多人前往。据说当时的惯例游人入园须向主人交一些所谓"茶汤钱"，司马光的看园人一次得钱十千，闭园后欲交与主人，司马光再三不受，看园人只得用此钱在园中构筑了一座小亭。

园中采药圃和钓鱼庵颇为别致，用自然之竹，结其梢而为之。这种建筑无需构造之费，但能得自然之趣，在当时园林之中并不多见，这固然和司马光的园池"卑小简素"一样，是因他当时的生活比较清贫，但这种因地制宜、因材制宜的方法却成了后世园林规划营建的榜样。

10. 吕文穆园

吕文穆园利用自然水系为我用，因地制宜，成为该园的一大特点。木茂竹盛，清澈的流水，真可谓是"水木清华"了。

另一特点是三亭一桥的园林建筑艺术设计手法，成为宋以后园林艺术中的楷模，是造园中经常采用的亭桥的手法之一，亭桥结合往往成为园林中很重要的景观建筑。

三、宅园类型

1. 富郑公园

富郑公园的布置是：由宅向东，先经"探春亭，登四景堂，则一园之景胜，可顾览而得。南渡通津桥，上方流亭，望紫筠堂而还。右旋花木中，有百余步，走（经）荫樾亭、赏幽台，抵重波轩而止"，这是水景之南的景区。从重波轩往北走，入大竹林中，这里有"土筠"、"水筠"、"石筠"、"谢筠"四洞，所谓洞者，"皆轩竹丈许，引流穿之而径其上"。从四洞往北，有"丛玉"、"披凤"、"漪岚"、"夹竹"、"兼山"五亭错列竹中，稍南有梅

台、天光台，"洞之南而东还，有卧云堂，堂与四景堂并南北，左右二山，背压通流，凡坐此，则一园之胜可拥而有也。"

该园的艺术特点在于以景分区，在景区中注意起景、高潮和结束的安排。各个景区各具特色，或为幽深的景，半露半含于花木竹林中，翠竹摇空，曲径通幽；或为开朗之景，如四景堂等；或以梅台取胜。景区的不同处理，犹如园中园的园林空间艺术效果，使空间多层次多变化，从而达到岩壑幽胜，峰峦隐映，松桧荫郁，秀若天成的意境。

2. 环溪

环溪，王开府宅园。环溪的造园手法是以水景取胜，临水建亭、台、轩、榭等园林建筑，采取收而为溪，放而为池，既有溪水潺潺，又有湖水荡漾。全园以溪流和池水组成的水景为主题，临水除构置园林建筑外，绿化配置以松梅为主调，花木丛中辟出空地搭帐幕供人们赏花，足以看出在园林布局中匠心独运的妙处。

借景的手法在环溪中也运用得体，南望层峦叠嶂，远景天然造就，北望有隋唐宫阙楼殿，千门万户，延亘十余里，山水、建筑真可以说是全收眼底，巧于因借了。园内又有宏大壮丽的凉榭、锦厅，其下可坐数百人，正是"洛中无可逾者"。环溪的园林建筑成为洛阳名园之最。

3. 苗帅园

苗帅园，原为唐朝天宝年间宰相王溥的宅园，"……园既古，景物皆苍老"。园中本来有七叶树两棵，"对峙，高百尺，春夏望之如山然"，园中有"竹万众竿，皆大满二三围，园的东部有水，自伊水分行而来，可行大舟，在溪旁建亭，有大松七棵，引水绕之。有池，池中宜种植莲荷荇菜，建水轩，跨于水上"。"对轩有桥亭，制度甚雄侈"。此园的特点是：在总体布局中，水景起了很重要的作用，而且布置自然得体，轩榭桥亭因池、溪流就势而成，更有景物苍老，古木大松，让该园大为增色。

4. 赵韩王园

赵韩王园，《名园记》中关于该园的记载甚简。

5. 大字寺园

大字寺园是唐代白乐天之宅园，这一建于唐代的宅与园相结合的园林，是以水竹茂盛为其主要的特点，有一池水，并翠竹千竿，这在洛阳来说，以水竹组成的园林正是甲洛阳之名园了。而宅与园相结合的布局手法，在明清时期才更为多见。

6. 湖园

湖园为唐代裴晋公宅园，从总体布局来看是一个水景园，湖、池是全园的构图中心，湖中有岛洲，洲中有堂，湖北面有四并堂，与洲中之堂遥相呼应；湖之右者（西岸）建有迎晖亭，这样从湖岸望湖中或从湖中望湖岸，都有景可对应，而且在构图上取得平衡。过横地，披林莽，这种林中穿路，曲折变化到达梅台知止庵，再从竹林小径可达环翠亭，是曲径通幽的处理手法，与开朗的湖水景区成鲜明的对比。而在翠樾轩周围则以花木取胜，更妙的是池、亭、花木，形成波光倒影，相映成趣的园林建筑艺术气氛，更加浓郁引人。

另一重要特色是注意了园林艺术的动观与静观的效果，这是极高的一招。这种设计手法，在今日造园手法中也仍算高明的。青草动、林荫合，水静而鱼鸣，都说明动与静的园林艺术意境。

造园者也注意了因时而变的造园艺术效果，木落而群峰出，四时不同而景物皆好。不仅注意了一天中时间的变化，也注意了一年四季的景物变化，真是不可殚记也，妙处难言，也怪不得《名园记》的作者李格非对该园推崇备至了。

第三节　南　宋　园　林

以艮岳为代表的写意山水园，因地制宜地建造在城市之中，称为城市园林，这是唐、宋时期园林的一种类型。

这一时期园林艺术的另一种类型是在自然名胜区，以原来自然风景为基础，加以人工规划、布置，创造出各种意境的自然风景园。这种园林又受文人画家的影响，也具有写意园林艺术的特色。所不同的是，建于城市中的写意山水园往往都是人工为主，兼有写意的艺术特色，显得更完美。而自然风景园则以原来的自然风景为基本条件，经人为加工组织而成。

在南宋都城临安（今杭州）的西湖及近郊一带，皇戚、官僚及富商们的园林数以百计，众多的诗人画家更以西湖为题吟诗作画。"湖上春来似画图，乱峰围绕水平铺。松排山面千重翠，月点波心一照珠……"，"水光潋滟晴方好，山色空濛雨亦奇。欲把西湖比西子，淡妆浓抹总相宜"。白居易、苏东坡这些描写西湖的名诗千百年来一直脍炙人口，他们写园，也参与造园，这都直接促进了我国园林艺术的发展。加上民间流传的许多传说故事，西湖的风姿情影使人们一见倾心。

在山水秀丽，绿荫丛中，到处隐现着数不清的楼台亭榭和岚影波光、风姿绰约，确实使人有"古今难画亦难诗"的园林艺术好景。最富诗情画意的"西湖十景"：苏堤春晓、柳浪闻莺、花港观鱼、曲景风荷、平湖秋月（见图5-8）、断桥残雪、雷峰夕照、南屏晚钟（见图5-9）、双峰插云、三潭印月等闻名中外的景点，从南宋流传至今，在七百多年的历史过程中，使西湖形成具有诗情画意，自然山水园林美的传统风格。

十景之一的"柳浪闻莺"（见图5-3），原是南宋聚景园。南宋高宗、孝宗曾在西湖景

图5-3　西湖十景之柳浪闻莺

区内造御花园多处，而以聚景园最为宏丽。传说和记载中，该园是由会芳、瀛春、瑶萍、寒碧等亭台轩榭楼阁组成，从这里循湖岸而行，两岸如茵，泉池碧澄，小桥流水，更有那时时传来清脆悦耳的莺啼，这莺啼点出了静中闻声的绝好意境。又有万树柳丝倒挂轻垂，犹如一道绿色的帐幔，再加上"晴波淡淡树冥冥，乱掷金梭万缕青"的点睛之作，取名"柳浪闻莺"真是十分得体。

"天上月一轮，湖中影成三"的"三潭印月"素有"小瀛州"之称，这种用古仙岛名比作"蓬莱仙境"的造园意境，在我国园林艺术的布局中常有。当年苏东坡任杭州知府时，曾利用这里的自然条件加以改造，用疏浚的湖泥堆成水上园林，构成"湖中有岛，岛中有湖"的园林美景。平湖秋月位于白堤西端，孤山南麓，濒临外西湖，是"西湖十景"之一。"万顷湖平长似镜，四时月好最宜秋"这副楹联，生动地描绘了这里的天然美丽景色。

唐时这里建有望湖亭，明时拆亭改建为龙王祠，清代改建为御书楼。楼前水面上建石平台，围以栏杆，楼侧建碑亭，立康熙御题"平湖秋月"碑。原来只有二亩多地的景点，现已将原清末民初犹太富商、"冒险家"哈同的私人别墅罗苑也一并扩建，形成一片狭长的沿湖园林。内缀有八角亭、四面厅、湖天一碧楼等楼阁平台，布置了假山叠石，四季花卉。平湖秋月三面临水，烟波浩渺。皓月当空的中秋之夜，"一色湖光万顷秋"，更平添无限诗情画意。

风光旖旎的"三潭印月"，运用亭、榭、桥、石、廊等园林建筑，组成重重层次，构成富有变化的景区。虽然湖中有湖，但不感觉水多，陆地虽狭，却处处引人入胜，特别是当游人踏着那九转三回三十个弯的九曲桥，来到碑亭和"我心相印"亭时，景色变化其妙无穷。

从曲桥的湖面望去，那亭亭玉立的三塔正好在"心心相印"亭的两旁和中间圆洞门的框景之中，如是在中秋赏月，那皓月中天、塔内灯光、月色、湖波、塔影，相映成趣，诗情画意，尽蕴育其中。景色奇丽的"三潭印月"（见图5-4），历来成为人们赏月的胜地。

横贯西湖南北的苏堤（见图5-6），全长2.8公里，"西湖景致六条桥，一枝杨柳一枝桃"。风光旖旎的"苏堤春晓"用桃、柳点出春意，人们沿着柳影波光的绿色长廊而行，视

图5-4　西湖十景之三潭印月

野深远，动观之中景色多变（见图5-7）。如果在这里临水小坐，远眺近览西湖的美景，心旷神怡。公元1071年，苏东坡在这里组织修建了长堤，后人为纪念他，取名为苏堤。用一条长堤，把西湖湖水划分成不同的空间，增加西湖水面空间的层次，丰富了西湖水面景色，而且苏堤本身又是非常重要的一景。这种大范围中的设计构思，可以说是我国最早期城市园林的极好实例之一。另外的"断桥残雪"（见图5-5）、"双峰插云"等，都打破了封闭性园林的性质，成为自然美人工为之的美好园林艺术佳例。

　　断桥又名"断家桥"，位于白堤东端。这里风光旖旎，尤其冬日残雪消融时，从远处望来，石桥似断非断，漂浮在雪湖之中。断桥是西湖三大情人桥之一，民间神话《白蛇传》

图 5 - 5　西湖十景之断桥残雪

相传就发生在这里，为断桥景物增添了浪漫色彩。每当大雪之后，红日初照，桥阳面的积雪开始消融，而阴面还是铺玉砌玉，远处观桥，晶莹如玉带。伫立桥头，放眼四望，远山近水，尽收眼底，给人以生机勃勃的强烈而深刻的印象，是欣赏西湖雪景之佳地。断桥残雪是

图 5 - 6　西湖十景之苏堤春晓（一）

西湖难得的景观，"西湖之胜，晴湖不如雨湖，雨湖不如月湖，月湖不如雪湖。"在杭州，南宋皇家宫苑虽然已基本上都荒芜，但却留下了人们号称为人间天堂的自然山水园林，成为古今人们游园的胜地。

图 5-7　西湖十景之苏堤春晓（二）

图 5-8　西湖十景之南屏晚钟

从唐、宋众多的园林实例中我们可以看出，我国园林的基本形式有以艮岳为代表的皇家宫苑，以杭州等地为代表的自然式城市风景园，或以洛阳等地为代表的私家园林。这些不仅在形式，而且在造园手法等方面，进一步开创了我国园林艺术的一代新风，达到了极高的境界。

图5-9　西湖十景之平湖秋月

公共园林性质的寺院丛林在唐宋也有所发展，如在我国的一些名山胜景庐山、黄山、嵩山、终南山等地，修建了许多寺院，有的既是贵族官僚的别墅，往往又作为避暑消夏的去处。

这一时期园林艺术总的特点是，效法自然而又高于自然。寓情于景，情景交融，极富诗情画意，形成人们所说的写意山水园。在杭州等这种本来就具备丰富风景资源的城市，到了唐、宋，特别是宋朝，极为注意开发，利用原有的自然美景，逢石留景，见树当荫，依山就势，按坡筑庭等因地制宜地造园，逐步发展成为更为美丽的风景园林城市。

在具体造园的手法上，也有很大的提高。如为了创造美好的园林意境，造园中很注意引注泉流，或为池沼，或为挂天飞瀑。临水又置以亭、榭等，注意划分景区和空间，在大范围内组织小庭院，并力求建筑的造型、大小、层次、虚实、色彩与石态、山形、树种、水体等配合默契，融为一体，具有曲折、得宜、描景、变化等特点，构成园林空间犹如立体画的艺术效果。以上手法，在小小的私家园林中，用得比较普遍。

到了宋代，造园中已非常注意利用绚丽多彩、千姿百态的植物，并注意四季的不同观赏效果。乔木以松、柏、杉、桧等为主；花果树以梅、李、桃、杏等为主；花卉以牡丹、山茶、琼花、茉莉等为主。临水植柳，水面植荷渠，竹林密丛等植物配置，不仅起绿化的作用，更多的是达到观赏和造园的艺术效果。

宋代不仅有李格非的《洛阳名园记》这种评论性的专著，而且还有李诚（字明仲）编著的《营造法式》。这本书总结了宋及宋以前造园的实际经验，从简单的测量方法、圆周率等释名开始，介绍了基础、石作、大小木作、竹瓦泥砖作、彩雕等具体的法制及功限、材料制度等，并附有各种构件的详细图样，这本集前人及宋代造园经验的著作成为后代园林建筑技术上的典则。

园林建筑的造型到了宋代，几乎可以说达到了完美的程度，木构建筑那种相互之间的恰当比例关系，并用预先制好的构件成品，采用安装的方法，这在宋代是了不起的成就，达到了木构建筑的顶峰时期。而在宋代不仅有了这种理论与实践经验的总结，还有了专门造假山的"山匠"。这些能"堆垛峰峦，构置洞壑，绝有天巧……"的能工巧匠，为我国园林艺术的营造和发展，都作出了极为宝贵的贡献，他们才是园林的真正创造者。由于唐、宋打下了非常厚实的造园艺术基础，才使我国明、清时期的园林艺术，达到了炉火纯青的地步。

第四节 元 代 宫 苑

元代的（公元1271～1368年）成吉思汗原名铁木真，为蒙古某部落的贵族。原居于黑龙江上游东南一带，七世纪西迁瓦鲁伦河流域。他在1189年被推为蒙古部落首领，到1205年，先后征服了各兄弟部落，1206年蒙古各部推举铁木真为全蒙古大汗，尊称成吉思汗，结束了草原上的纷争，建立了奴隶制国家。

公元1260年，忽必烈即大汗位，以中统为年号。公元1271年取《易经》"大哉乾元"之义，号为大元，次年以大都（今北京）为都城。蒙古军在灭金攻宋进入中原地区以后，企图以其落后的游牧生产方式取代汉族地区的农业经济，这给生产带来严重破坏，也遭到人民的坚决反对。公元1276年元军入临安，俘宋恭宗。南宋灭亡之后，元朝统一中国，结束了长达三百年的分裂割据局面。元朝把民族划分为四等：第一等蒙古人，第二等色目人，第三等汉人，第四等南人。元朝在蒙古族统治阶级的压迫和摧残下，落后的宗教、喇嘛者、道教的哲学，消极的遁世思想以及复古主义观念得到发展。表现在艺术上，如绘画的倾向是师法古人。元代画家认为山水画到了宋朝已登峰造极，只要以董源、李成、范宽三大家为师作画即可以了。

当时号称元代四大画家的黄公望、王蒙、吴镇、倪瓒，在画法上都以董源、巨然为师，但他们也并没有完全被古人的形式所束缚。如黄公望提出"画不过意思而已"，倪瓒（字云林）说"所谓画者，不过逸笔草草，不求形似，聊以自娱耳"，又说"余之竹，聊以写胸中逸气耳，岂复较其似与非，叶之繁与简，枝之斜与直哉"。他们所追求的不是形似，而是超然物外，抒发自己胸中逸气，多用水墨淡彩和山水画的方法，表现和抒发自己的意趣和达到所谓的高超意境。

元朝在园林建设方面不像宋朝，没有多大的发展，比较有代表性的是元大都和太液池。元大都早在战国时代，即为燕的都城"蓟"（指今北京城区的西城部分）。秦、汉、唐时期，蓟城既是商业中心，又是军事上的重镇。金灭辽之后，迁都到蓟城，改名为"中都"。元在金中都的基础上建宫城，以金离宫为中心，东建宫城，西建太后宫，外以城墙回绕，两宫和琼华岛御苑为王城，并在外廊建土城，称为"大都"。位于北京市旧城的内域及其以北地区。元大都平面呈长方形，面积约50平方千米。城墙为夯土筑造，有城门11座。南城墙在今东西长安街稍南，东西城墙即明清北京内城东西墙，北城墙在今北四环路一带。皇城位于外城南部中央，为扁长方形。城中部有南北纵贯的太液池（今北海、中海）御苑区，西部是兴盛宫、隆福宫、太子宫组成的宫殿群。东部为宫城，大部分与今故宫重合而略偏北。宫中前朝大明殿（今故宫后三殿）、后朝延春阁（今景山下），采用宋元时通行的"工"字形台基。元大都的中轴线起自外城的丽正，经纵贯宫城的南北大路，尽于大都城中心的大天寿万宁寺中心阁，与明清北京城的中轴线相同。元大都是在荒野上平地起建的，建立了中国封建社会后期都城的规范。它三重城垣、前朝后市、左祖右社，有九经九纬的街道和标准的纵街横巷制的街网布局，成为宋以来城市发展的一个总结，在中国都城发展史上占有重要地位。元大都在规划中还注意促进商业的发展，并有发达的给排水系统和完善的军事防御、对内监督设施，在当时是世界上有名的大都市。

在今北海地区，辽建燕京时曾在此建瑶屿行宫，金又在此修离宫，名为大宁宫。完颜雍迁都燕京后，公元1163年称金海（即大液池），垒土成山（即琼华岛），栽植花木，营建宫殿。当时琼华岛上有瑶光殿，又把北宋京城（汴梁）里寿山艮岳的方石运来堆叠假山。忽必烈建大都时，这里作为新城的核心部分，把琼华岛易名万岁山，他就住在这里，把金海易名为太液池。太液池东为大内，西为兴盛宫（今北京图书馆旧馆），隆福宫，三宫鼎立。万岁山南有仪天殿（今日团城）。元代太液池、万岁山的总体布局设计是：正中山顶是广寒殿，是元世祖忽必烈时的主要宫殿，元代不少盛典都是在这里举行的。广寒殿左有金露亭，右有玉虹亭，广寒殿前有三殿并列，中为仁智，左为介福，右为延和。方壶、瀛洲两亭一左一右对称相望。

到了明朝这里又曾重新修治。琼华岛和太液池沿岸部分有的增加园林建筑，有的加以修缮、扩建后易名为西苑（包括中、南海部分）。清代，这里增加和修缮的内容则更多，形成为中、南、北三海，简称三海。元代私家园林也有所发展，如苏州的狮子林等，但与宋朝时期所建园林不能比拟。

第六章 园林艺术的鼎盛时期——明清

第一节 明清时期的皇家园林

明、清是我国园林建筑艺术的集大成时期，这个时期规模宏大的皇家园林多与离宫相结合，建于郊外，少数设在城内的规模也都很宏大。其总体布局有的是在自然山水的基础上加工改造，有的则是靠人工开凿兴建，其建筑宏伟浑厚，色彩丰富，豪华富丽。

明、清的园林艺术水平比以前有了提高，文学艺术成了园林艺术的组成部分，所建之园处处有画景，处处有画意。

明、清时期造园理论也有了重要的发展，出现了明末吴江人计成所著的《园冶》一书，这一著作是明代江南一带造园艺术的总结。该书比较系统地论述了园林中的空间处理、叠山理水、园林建筑设计、树木花草的配置等许多具体的艺术手法。书中所提"因地制宜"、"虽由人作，宛自天开"等主张和造园手法，为我国的造园艺术提供了理论基础。元、明、清三代皆建都北京，从元朝的元大都到后来易名北京，明、清两代它又是政治、文化中心。北京的西郊，自然条件比较好，经几代修建，成了园林胜地。

这一时期宫苑园林的代表作是西苑和太液池。至明朝天顺年间，北海与中海、南海连在一起，总称西苑，共同组成北京城内最大的风景区。现在的北海共有 70 多万平方米，其水面占了一半以上，视野比较开阔。立于水面南部的琼华岛，是三海的重点，它那高耸的白塔，玲珑的山石和各种园林建筑组成了一个整体。

明清宫苑，特别是清朝的园林，除继承了历代苑园的特点外，又有新的发展。它的特点是使用上的多功能，如听政、看戏、居住、休息、游园、读书、受贺、祈祷、念佛以及观赏和狩猎，栽植奇花异木等，如在著名的圆明园中，连做买卖的商业市街之景也设在其中，真可以说是包罗了帝王的全部活动。

还有一个特点是建造的数量大，特别是清朝，园林艺术装饰豪华、建筑尺度大、庄严，园林的布局多为园中有园。在有山有水的园林总体布局中，非常注重园林建筑起控制和主体作用，也注重景点的题名，形成清代山水园林与建筑宫苑的明显特点。这种园林艺术的代表作有北京西郊的圆明园、颐和园，承德的避暑山庄以及故宫中的乾隆御花园，还有众多的私家园林。

康熙统一中国后，达到清代的全盛时期，他修建禁中三海，又建静明园、畅春园、万春园和热河避暑山庄等。乾隆登位后，效法康熙，乾隆能书善画，又喜欢游览风景名胜和园林。他曾六下江南，所见江南一些好的风景和园林建筑的重要景观，都仿制建造在宫苑中。他大兴园林工程，几乎把所有清代的离宫别苑都加以改建修饰。

康熙在位六十年，期间修建圆明园的工程一直未停过，后又经雍、乾、嘉、道、咸五朝一百五十年的经营，建成了我国历代王朝前所未有的、堪称世界园林史上奇迹的皇家园林——圆明园。清代帝王还广收古今中外珍贵文物藏于园中，使风光绚丽的园林，同时成为宏伟壮丽的博物院。

乾隆在《圆明园图咏》后记中，曾得意地写道："规模之宏敞，丘壑之幽深，风土草木之清佳，高楼邃室之具备，亦可观止……"。到过圆明园的一位法国天主教士，曾称赞圆明园为"万园之园"。

可惜这座世界上无与伦比的园林艺术杰作，宏伟壮丽的圆明园，世界上最豪华的瑰丽宫苑，却在咸丰十年（公元1860年）十月，于第二次鸦片战争中，遭遇英法侵略者疯狂的抢劫。而后，又在1860年的10月18日清晨，英国的一个骑兵团进园纵火，全园顿成火海，火势三日不止。在短时间内，这个经无数的工匠、人力修建而成的千姿百态、美不胜收的圆明园，被焚掠殆尽（见图6-1）。宏伟美丽的园林，已经变成灰烬，它不仅是损失了园中所藏中国历代珍传的文物和各种金器珠宝，更重要的是毁坏了世界上独一无二的圆明园，这是世界文化史上的空前浩劫和创伤，这在人类文化史上的损失是无法估计的。

图6-1　圆明园遗址

圆明园从兴起到被英法帝国主义毁坏，从园林建设这一个侧面也是清朝的兴亡史。显然清政府也想修复它，但始终未能如愿，这与清政府的腐败无能，国穷民穷有关。

清朝皇家园林的另一代表作，是位于北京西郊10公里处的颐和园，颐和园是由昆明湖和万寿山两大部分组成，明代有西湖之称，曾在此建园静寺。清乾隆时期，在此挖湖堆土于湖东岸成为东堤，以此蓄湖水，改名万寿山、昆明湖。在园静寺旧地建大报恩延寿寺，又置亭、台、楼、阁、轩、榭之后，易名清漪园，公元1860年英法联军入侵被毁。光绪十四年（公元1887年），慈禧挪用海军军费重修之后，改名颐和园。这座占地290公顷的大型天然山水园林是中国最后的一座皇家园林，慈禧太后曾在这里居住和处理朝政，因此颐和园具有"宫"和"苑"的双重功能（见图6-2）。

现存最大的皇家园林是承德避暑山庄，清初这里还只是帝王狩猎途中的一座行官。由于这一带地区峰奇水美，气候宜人，又离京城较近，自康熙四十年（公元1701年）起，开始营建大型离宫别馆。至乾隆年间，在山峦连绵起伏，松林苍郁的自然山地，建成了这座规模宏大的宫苑。

图6-2 颐和园十七孔桥

为修建皇家宫苑，无论是康熙还是乾隆，他们都遍访名胜，看到名园美景，便命人记下，回京后即在园内仿造。他们曾游遍江南的无锡、苏州、杭州、嘉兴、扬州、镇江等地，被江南私家园林艺术中那种极为高超的艺术手法所吸引。

在宫苑园林中，许多造景皆模仿江南山水，吸取江南园林的特点。如颐和园中的谐趣园，是模仿无锡寄畅园；后湖的苏州街，是模仿苏州江南水乡风光；昆明湖上西堤六桥，是模仿杭州西湖苏堤六桥；承德避暑山庄的小金山，则是模仿镇江金山寺的金山亭；避暑山庄的烟雨楼是模仿嘉兴南湖的烟雨楼；文津阁是模仿宁波天一阁等。圆明园中的许多景点与题名也多直接套用苏杭的园林景观题名，如"平湖秋月"、"三潭印月"、"雷峰夕照"、"狮子林"等。众多的景与题名，也都与江南著名园林艺术的景与题名对得上号，多处模仿江南园林的设计构思或具体的布局手法。

不管是专供以宴为主的内苑北海，还是以清代皇帝"避喧听政"、"避暑还凉"的圆明园、热河避暑山庄、颐和园等，都有帝王受理朝政的宫殿以及朝署值衙，作为大臣议事的功能作用。以上类型的园林，我们都统称它为皇家园林。皇家园林的艺术特点也就在于"春山淡冶如笑，宜游；夏山青翠欲滴，宜观；秋山明净汝妆，宜登；冬山惨淡好睡，宜居。"

几百年间，北京除修建过规模宏大的帝王宫苑外，还兴建了大量的宅园。明清时期，城市宅园发展较快，其中著名的私家园林有50余处，清朝时期有100多处。如有名的北京恭王府邸园，至今还保存得比较完整。又因为它有"大观园"之疑，更引起人们的重视。恭王府位于前海西街，原为清乾隆年间大学士和珅的宅邸。嘉庆四年正月初三（公元1799年2月7日）太上皇弘历归天，次日嘉庆褫夺了和珅军机大臣、九门提督两职，抄了其家，和珅被"赐令自尽"，其宅邸被没收。咸丰元年，咸丰帝将此宅院赐予恭亲王奕䜣，名为恭王府至今。

恭王府是府邸与宅园相结合的园林建筑。府邸部分由三组气魄雄伟的宫殿式建筑组成，而从府邸进入园林部分，是一道恰如缩小了的城关，把府邸与园子分割开来，这在我国的园林设计布局中是非常罕见的。它把城墙的门洞作为进入后花园的园门，在城门洞拱券的上面，有花岗石一块，上刻"榆关"二字，点出了与一般园林入口的不同，城墙上还保存着完整的城垛口（见图6-3）。

图6-3　恭王府花园

府邸在城墙之南，园邸在城墙之北，城墙东西向布置。城墙南北两侧皆叠置以青石为主的假山，攀登假山，即可登上城墙。假山低处，城墙显露，假山高处，又可俯视城墙，假山与城墙浑为一体，处理得非常得体自然。

站在"榆关"之顶，只见东端竖有非常显眼的青石一块，上刻"翠云岭"三字。妙在这"翠"字上，点出了恭王府邸园城市山林的意境。北部园景轩榭隐约，竹影扶疏，林木参差，葱笼荫郁，正是"蝉噪林愈静，鸟鸣山更幽"的好去处。

从"榆关"下行，沿着山涧小径，拾级时而上下蜿蜒，时而有平台过渡。到了山下的北部，回头望去，那假山簇拥着城墙，像马蹄形一样兜抱全园。以青石为主叠成的假山，使人有山石峥嵘，群峰耸翠，刚劲挺拔之感。前行，穿过"青云片"洞门，迎面有一块五米多高的太湖石峰，上刻"福来峰"三字，也有人称为飞来峰，此石既有障景的作用，也有景观的作用。

在这奇峰异石之东，有青石假山对峙。在青石假山东面有一口方井，据说汲水顺石槽可流至"流杯亭"内。这里叠石檀木，增建亭宇，布置自然、秀雅，使人有坐石可品泉、凭栏可观花的清逸幽新之感。

在"福来峰"之北，有一池清水横在眼前，在这水池北岸往南望时，才发觉它的妙处所在。假山水面遥相呼应，山水多变，高下有致，近处独峰耸翠，秀映清池，使人绝无孤山独水之感，又有隐露于山林中的城墙。正有"一城山水半城湖，全城尽在湖水中"的画意。在这里，方使人体会到此种山、城、水、亭、绿化等组景的布局手法之奥妙了，真可堪称园林艺术的佳作，这也是恭王府与其他园林艺术极为不同的重要艺术特点。

从这里往东，有一组"凤尾森森，龙吟细细"的小庭院，幽深而清静的院落内回廊曲折，翠竹摇曳，清意幽新的庭院建筑成了邸园中的小园，与山石水景区形成封闭与开朗的对

比，成为园中之园。传说，这里曾是林黛玉住过的"潇湘馆"。此庭院有回廊与戏楼和该园的主要建筑后堂相连接。后堂位于园邸中轴线的中心，在这后堂的北面，便是全园的主景部分——观月台。

观月台在假山的顶部，山前临一池湖水，池中点以玲珑的山石，假山石脚的结构是下为洞，上为台，湖石叠置横卧悬挑很有章法。台上建榭，下为洞壑，洞内正中，有康熙手书"福"字碑。洞之东西各有爬山洞，盘上洞顶，是自然式小平台，由此拾级而上，可达顶部平台，台上之榭是全园中轴线上最高点——观月台了。

站在这观月台上，俯视全园，使人联想起《红楼梦》第七十六回中，史湘云对景色的逼真描写："这山上（凸碧堂）赏月虽好，总不及近水赏月更妙。你知道这山坡底下就是池沿，山凹里近水一个所在，就是凹晶，可知当日盖这园子，就有学问，这山之高处，就是凸碧，山之低洼处，就叫凹晶……这两处，一上一下，一明一暗，一高一曲，一山一水，就是特因玩月而设此地，有爱那山高月小的，便往这里来；有爱那皓月清波的，便往那里去"。

顺着史湘云当年指点的山洞登道，下到"凹晶"处看时，果然会使人联想起曹雪芹所描绘的一番情景，"只见天上一轮皓月，池中一个月影，上下争辉，如同置身于晶宫殿室之内，微风一过，粼粼然皱碧叠纹，真令人神清气爽"。身临其景，确有心旷神怡之感。

从观月台北面沿叠石假山下来，到最后一排书斋，以它为主组成了最后部一进庭院。它是全园的收尾处。这里的登山盘道与书斋建筑相连，山脚悬挑与建筑台基相接，下面腾空的台基与东西走向的通道组成了别出心裁的立体交通。游完全程，会感到我国古典园林的造园家所提出的"可行、可望、可游、可居"的四条园林艺术空间的处理标准，在恭王府中皆兼而有之。

恭王府整个园邸平面成方形，东西长约 170 米，南北宽约 150 米。由于恭王府园邸中某些景点与曹雪芹所描写的大观园景点有许多相似之处，使该园成了注目之地。而目前的恭王府，至今保存尚完好，这确实是非常可贵的，1983 年已经开始修整。

至于这所府邸和园邸是否就是《红楼梦》中的荣国府，确实难讲。但是就在这深宅大院里，类似贾母、贾政、王熙凤、薛宝钗等这样的人物，在这里住过，大致是可以肯定的。到底是曹雪芹以它为模型来写"大观园"，还是恭王府中的园邸以曹雪芹所设计的大观园的意境来布置恭王府，这都需要以认真的态度来考证。

第二节 明清皇家园林实例

一、北京明清宫殿——西苑（三海）

明代西苑是在元代太液池的基础上加以发展而成的。元代太液池只有北海和中海两部分，明代又开凿南海，于是形成了中、南、北三海，清代对三海进行了进一步兴建。

由于三海紧靠宫殿，景物优美，所以成为帝王居住、游憩、处理政务等的重要场所。清代帝王在城内居住时，常在西苑召见大臣，处理国政，宴会王公卿士，接见外蕃，召见与慰劳出征将帅，武科较技等，冬天还在西苑举行"冰嬉"。

紫禁城皇宫殿宇的庄严与三海的自然条件，生动地形成对比，愈显得三海景色的幽美自然。三海本身布局的成功之处主要在于把狭长的水面处理得毫不呆板，而是灵活生动，各有其姿态。

北海原是辽、金、元、明、清五代帝王的宫苑，是中国现存的历史悠久、规模宏伟、布置精美的古代帝王宫苑。

公元 11 世纪中叶，北海是辽都燕京城郊的"瑶屿行宫"。金代改建成离宫。据《金史》地理记载："京城北离宫有大宁宫，大定十九年建"。北海从金代建成宫苑算起，至今已有近千年的历史。金在北京建"中都"，大定十九年（公元 1179 年）在此大兴土木，营建离宫别馆、亭台水榭，名为"大宁宫"，明昌二年（公元 1191 年）更名"万宁宫"。当时北海宫殿齐全，配上金海（太液池）和琼华岛（白塔山），已经建成为皇家宫苑。据说，琼华岛太湖石是从北宋京城汴梁（今开封）运来的，原是赵宋皇家园林遗物，是宋徽宗时从平江府（今苏州）附近太湖中采集而来。公元 13 世纪，元世祖忽必烈焚毁金中都，宫殿建筑改碧华岛海子为中心，建成一座封建帝都禁苑。北海中心的山称为"万寿山"（亦名"万岁山"），水域称为"太液池"，山顶和山腰兴建广寒、仁智等宫殿。明时在太液池北岸修筑五龙亭，清顺治八年（公元 1651 年）又在广寒殿旧址建造白塔，并将岛南部的宫殿改建为"永安寺"。乾隆时除在琼华岛四面建亭榭楼台外，又在北岸修建了先蚕坛、阐福寺、西天梵境、万佛楼、小西天、澄观堂、静心斋等，在东岸修建濠濮间、画舫斋等，形成了今天北海的规模。北海全园布局以琼岛为中心，南面寺院依山势排列，直达山麓岸边的牌坊，一桥横跨，与团城的承光殿气势连贯，遥相呼应。北面山顶至山麓，亭阁楼榭隐现于幽邃的山石之间，穿插交错，富于变化。山下为傍水环岛而建的半圆形游廊，东接倚晴楼，西连分凉阁，曲折巧妙而饶有意趣。北海的布局虽受江南园林影响，但仍保持北方园林端重的特点。1925 年辟为公园。1949 年后疏浚湖泊，进行全面修整并增植了果树花卉等，现已成为首都重要的游览胜地。北海公园内以永安寺为代表，有许多著名的佛教建筑和文物，其中主要的佛教建筑和文物以及与之相关文化景观如下：

（1）"极乐世界"小西天。俗称"方殿"，它是红柱、黄瓦方形建筑，高 27 米，占地面积 1 246 平方米，内外有 84 根巨大的红柱支撑，气势宏伟，外观壮丽，世所罕见，是我国最大的木构方亭，是乾隆皇帝于公元 1750 年为祝母（即孝圣皇太后）六十大寿所建。1984年重修这座木构建筑，用了 90 万块木料。殿中多佛像。上有莲台，周塑祥云，远看犹如神游云端。小西天北面原系"阐福寺"现为经济植物园。园内辟有十个展览室，展出图片、实物、标本等，室外种有经济植物，包括园林常见植物、芳香植物和果树等。1980 年园内建成了一个热带植物温室。

（2）万佛楼。经济植物园西面是万佛楼，坊题"妙境庄严"四字，是清乾隆皇帝庆贺母寿而建筑的。这幢楼里，有一万个大小佛龛，每个佛龛置一个金质无量寿佛。公元 1900年八国联军入侵北京，把一万个金佛全部劫走。东面禅福寺内大慈真如殿上的大佛身上镶嵌的无数珠宝，也被侵略军洗劫一空。

（3）碧华岛。一名"琼岛"，又叫"蓬莱山"，是仿传说中的"仙山琼阁"建造。位于北海太液池南部，金代名"琼华岛"，元代为"万寿山"或"万岁山"。岛面积 66 000 多平方米。顺治八年（公元 1651 年），清世祖福临根据喇嘛建议，在金广寒殿旧址建塔，名为"白塔"。塔形如覆锥，下似覆钟，顶为灰白，故琼岛又叫"白塔山"。岛上建筑精美，高低错落有致，依山势分布，掩映于苍松翠柏之中。南面以永安寺为主体，有法轮殿、正觉殿、普安殿及配殿廊庑、钟鼓楼等，黄瓦红墙，色彩绚丽。西面为悦心殿、庆霄楼、琳光殿及存放乾隆时摹刻珍品《三希堂法帖》的阅古楼。岛东建筑不多，但林木成荫，景色幽静，别具一格。乾隆书"琼岛看荫"石碑，立于绿荫深处，为"燕京八景"之一。北面山麓沿岸一排双层 60 间的临水游廊像一条彩带将整个琼岛拦腰束起，回廊、山峰和白塔倒映水中，景色如画。东南面有石桥和岸边相连，与秀美的景山、故宫交相辉映，黛色岚光，构成一幅壮丽的画卷。岛上有许多奇石，刻成峭岩仙洞，各有特色。山巅有古殿，相传是辽太后梳妆台，山腰有石洞，拾级而上，正中有正觉殿、普安殿。白塔就在殿后，殿前有善因殿，用琉璃砖砌成小佛楼，百尊琉璃佛像分置楼四周，殿正中供奉千手观音，称为"镇海佛"。塔前引胜亭内立一石碑，上刻《白塔山总记》。白塔位于琼华岛之巅，是北海公园最突出的建筑。康熙十八年（公元 1679 年）、雍正九年（公元 1731 年）因地震塌毁，先后重建。1964 年和 1977 年两次修缮。白塔为喇嘛塔，高 35.9 米，下为高大的砖石台基，塔座为折角式须弥座，上有三层圆台（金刚圈），其上承托覆钵式塔身。正面有壶门式眼光门，门内刻有藏文咒语，塔身上部为细长的十三天，上为两层铜质伞盖，边缘悬铜钟 14 个。最上为鎏金火焰宝珠塔刹。全塔共有透风洞眼 306 个，塔内储藏佛教器材。塔中央有主心木，套有铁圈，接出环形分布的六道扁铁，端部铁环突出于十三天外皮，承接六根 0.5 米见方的锻铁挺钩，极为牢固。1976 年唐山地震时，白塔受损严重，现已重修一新。岛上阅古楼内，藏有一千五百多年以来中国著名书法家 134 人的 340 件作品，刻石 495 方，是乾隆年间摹刻珍品，汇集了我国书法墨迹精华，是珍贵的历史文物。

（4）永安寺。最早是喇嘛诺不汗驻锡所在。寺为清顺治八年（公元 1651 年）所建，先叫白塔寺，后改今名。入寺门为法轮殿，殿五楹。殿后有坊有亭。亭子正对着正觉殿，再后为普安殿。殿后踏着石台阶上去就是善因殿，内供铜佛像。善因殿四边墙壁上镶嵌着 445 尊琉璃佛像。该殿后面就是白塔。

（5）天王殿。在北海西岸。殿前有琉璃牌坊，北面有门额称"天梵境"，今叫"天王门"。天王殿东西有石幢，东刻《金刚经》，西刻《药师经》，主殿为大如真慈殿。从殿后拾级而上，是十佛塔，塔后系琉璃阁，两层，四面回廊 67 楹，四隅各有楼。天王殿十佛塔的西面有北海体育场，为 1949 年以后所建。

（6）九龙壁。建于公元 1756 年，位于北海体育场南面。九龙壁用 424 块七色琉璃砖砌成，高 6.9 米，长 25.52 米，厚 1.42 米。底座为青白玉石台基，上有绿琉璃瓦须弥座，壁顶为琉璃庑殿顶。壁的两面各有九条蟠龙，戏珠於汹涌的波涛和遍布祥云的天空之间。壁的正脊、垂脊、筒瓦、陇垂等处也都有龙形，大小总共有 635 条之多。

北海彩色琉璃砖影壁之所以浮雕九条龙，缘起于明神宗（万历）的生母李艳妃笃信喇嘛教，她在宫内建宝华阁、英华殿、宝华殿梵宗楼，供奉黄教佛像，又在北海建立了"大西天经厂"，译经、印经。为预防经厂失火，"镇"住"火神"，清乾隆二十一年（公元 1756 年）经厂门前便筑起这座雕有 9 条五色蟠龙和海水的影壁。它是中国琉璃工艺建筑中的珍贵作品。北海的整个布局以白塔山为中心，形成湖中有山的四面景观。山高仅 32.6 米，周长 973 米，白塔高 35.9 米，白塔山不高，但有峰石奇秀，林壑之美。若从白塔山顶俯瞰，春天繁花似锦，杨柳依依；夏日，北海水面上莲叶一片，荷花映日；秋来，枫叶等树木的色彩绚丽多彩；冬天，整个北海成了一片雪海，湖山银装素裹，使人耳目清新。

在总体布局上，东、南两面有石桥与岸边有机地联系在一起，更与东面的景山、故宫互相辉映。借景山、故宫于北海，构成了一幅景色壮丽的园林画面。正如明朝人游记中所说："东望山峰倒蘸于太液波光之中，黛色岚光，可悒可掬"。

如今，当你站在北海的西岸向东望去，远借景山五亭，倒映水中，暗影浮动，为北海大为增色。白塔山之北，临水有双层的游廊，东起倚晴楼，西至分凉阁，共六十楹，中部有漪澜堂、道宁斋二阁，从上层两侧之廊折下，是一组节奏韵律极好的独特建筑。在此处看山时，山坡上点缀假山，亭阁错叠，洞室相通，高下曲折。北瞰碧波，视野开阔。这种远眺近览借景等手法，正是我国园林艺术中优秀传统手法的运用。

北海在三海中面积最大，形状不规则，琼华岛凸出于水中，岛的面积比较大，也相当高，用土堆成。岛上建成一座白色喇嘛塔，构成北海整个园林区的中心，对整个北海起到收敛凝聚的作用。岛的石洞工程也很大，艺术水平也相当高，在山石间有堂榭房屋，房屋内又有山石掺合在一起，使人感到建筑是在自然之中，而自然又引进室内。

中海是南海和北海联系过渡的狭长水面，两岸树木茂密，园林建筑较少，仅在东岸露出万寿殿一角和水中立一小亭，西岸也只露出紫光阁片段。南海水面比较小而圆，水面却十分清幽，在碧波清清的湖水中，构置岛屿，称为瀛台，岛上建筑物都比较低平，远远看去，高出水面却十分协调。

南海中的"静谷"一组庭院，可以说是南海中的园中园了，是一个十分精美的游憩园，该院中叠石构洞和亭桥的摆布等可以称得上是小园中绝妙的园林艺术精品。

二、圆明园

在北京的西北郊有西山、香山、玉泉山、万寿山等。在这一带山陵的东南则是沃野平畴，又有玉泉流经其间，风景佳丽，气候宜人，为建筑苑园提供了良好的自然条件。所以清代帝王的苑囿多向这一带发展。于是就有了圆明园、长春园和万春园组成的圆明三园（见图6-4，图6-5）。

图6-4 圆明园景色图一

为了满足帝王的游心赏思、寻幽探胜的要求，圆明园收尽天下名胜。还在雍正做皇太子的时候，康熙于公元1709年把原来是明代的一个废墅赐他建园。初建成后，康熙赐名叫圆明园。从公元1709年开始兴建到公元1860年焚毁为止，前后共经历151年。

雍正之子乾隆做皇帝时，六下江南，凡看到所喜爱的奇花异石，就移置到圆明园中，不能移置的就仿造。如杭州南宋德寿宫旧址的"芙蓉"石，玲珑刻峭，乾隆看了十分喜爱，用手拂拭，拍马献媚的官吏心领神会，就赶快把芙蓉石运至北京献上，乾隆就把它安置在长寿园的倩园太虚室的庭院中，并赐名青莲朵。圆明园中"平湖秋月"、"南屏晚钟"、"雷峰夕照"是模仿西湖十景，连命名都相同。公元 1737 年（乾隆二年），乾隆又命画院的朗世宁、唐岱、沈源等画出圆明园全图。

图 6-5　圆明园景色图二

圆明园（见图 6-6）共占地 2 500 亩，是我国园林艺术史上的罕世珍品，也是我国园林艺术历史发展到清代时期一个综合的杰作。宏伟壮丽的圆明园内造景繁多，有 48 景，万

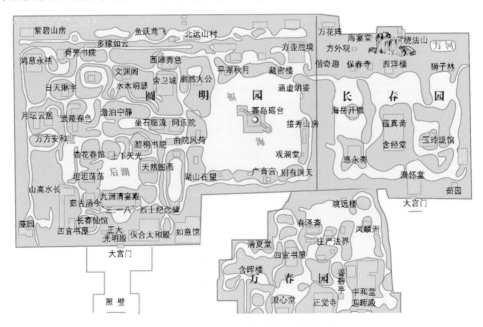

图 6-6　乾隆嘉庆时期圆明三园平面图

春园和长春园各有 20 景，三园共 108 景。每一景由亭、台、楼、阁、殿、廊、榭、馆等组成。

圆明园大致可分为五个重要的景区。一区为宫区，有朝理政务的正大光明殿等。二区为后湖区。三区有西峰秀色、问乐园、坐石临流等，其中有一景叫舍己城，城中置佛殿，城前还有买卖街，仿苏州街道建成，是皇帝后妃们买东西的地方。福海则为第四区，中心为蓬岛瑶台，福海周围建有湖山在望、一碧万顷、南屏晚钟、别有洞天、平湖秋月等景点共十多处。第五区有关帝庙、清旷楼、紫碧山房等。

乾隆时的圆明园将苏杭等处的许多风景名胜仿建于园内，出于清朝统治者的猎奇心理，在西洋教士朗世宁、蒋友仁等的怂恿下，仿照欧洲"洛可可"式建筑，出现了有西欧建筑风格的谐奇趣、储水楼、万花楼、方外观、海宴堂、远瀛观、线法山等石构建筑。雕刻华丽、繁多，也很精细。其中以远瀛观最为宏伟，观前有用西方水法所建的喷水池。这些异国情调的建筑，丰富了圆明园的景色。

圆明园建筑虽然有西方建筑形式引入，但仍不失我国传统的园林建筑风格。它吸取了历代宫殿建筑的优点，建筑形式上有所创新。一反过去那种宫殿建筑不变的积习，园内各组建筑可分为许多单体，有三间、五间，或出廊，或工字形，或乙字形，式样繁多，变化多端。园内的木构建筑多不用斗拱与琉璃瓦，而是多青瓦、卷棚顶，显得比较素雅。内部装修较之宫殿更为精致。嘉庆时在园内构竹园一所，两淮盐政承办紫檀装修 200 余件，有榴开百子、万代常寿、芝仙祝寿等花样。嘉庆 22 年，园中接秀山房落成，两淮盐政承办紫檀窗 200 余扇及宝架、地罩地，都用扬州周制（明朝末年扬州周姓工匠创此法，故名。其以金银、宝石、珍珠、翡翠、水晶、玛瑙、青金石、象牙等物，铸刻山水楼阁、人物花卉、虫鸟于紫檀漆器上）。嘉庆时装修如此豪华，乾隆时也可以想见。以装修取胜，也是圆明园建筑的一个重要方面。

在园林景观组织上，圆明园有三个建筑区，即福海四周建筑区，后湖以北的建筑区，前湖周围的建筑区。这三个建筑区结合地形和水系，巧妙布置。有的四面临水，犹如江南水乡；有的湖山对景，明快舒畅，如南屏晚钟等景；有的正面临水，以水取胜；有的就低地而构，造成山岗环抱之势。这种天工的造化与人工相结合，使自然更美。

圆明园非常注意与环境的和谐协调，在红花、绿树、湖光、碧池、溪涧、山色、曲径、白云、蓝天之中，点缀着亭、台、楼、阁的建筑。宫殿建筑金瓦红墙、壮丽宏伟；有的建筑轻巧绚丽，而其中的买卖街则喧若闹市；北远山村酷似乡间；海岳开襟宛如蜃楼；蓬岛瑶台则胜似海外仙境；琉璃宝塔金碧辉煌；九孔石桥朴素大方。圆明园由于整个布局毫无生硬拼凑的感觉，园林建筑与环境气氛和谐，景物协调，因而符合清代帝王的"宁神受福，少屏烦喧"及"而风上清佳，惟园居为胜"的思想要求。

圆明园的第一个特点是水景丰富，它以福海和后湖作为造园的中心。单是福海，这一片水面就占去了将近 1/3 的面积，沿着水面的岸边，构置建筑景观，因水成景，形成波光浩淼，景色优美的重要水区。

第二个重要的特点是建筑类型多。一是宫殿式建筑较多，而且多是左右对称的布置，如正大光明殿、大定门、左右朝房、安佑宫、淳化斋等，又都是比较重要的建筑物；二是宗祠寺庙建筑，如关帝庙、正觉寺、舍己城等；三是仿造南方园林风景的建筑，多是环山绕水的布置，是比较成功的；四是在中国古典园林中出现了西洋楼，这是皇家宫苑中的先例。

三、避暑山庄

清初，康熙皇帝为了笼络蒙古族以及避暑的需要，在承德兴建了行宫避暑山庄（见图 6 - 7）。此后，直到清朝末年，皇帝后妃每逢夏天常来这里避暑，或在秋初时，在避暑山庄之北的围场打猎，并会见蒙古贵族们。承德是打猎出发和归途的中间站，因此更增加了它的重要性。

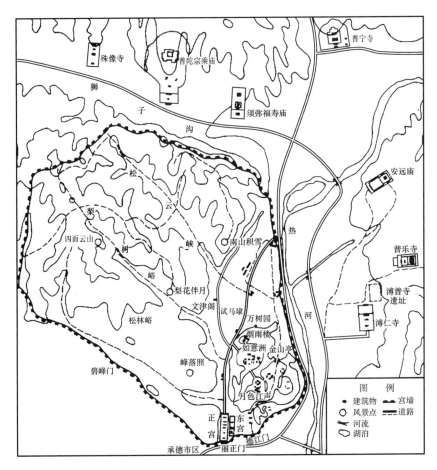

图 6 - 7　避暑山庄平面图

避暑山庄的总面积约为 560 公顷，它的特点是园内围进了许多山岭，只有 1/5 左右的平地，而平地内又有许多水面，这与圆明园、颐和园的布局上有所不同。园的周围绕以防御性的砖石构筑的宫垣，似宫城一般，宫垣高约一丈，厚约五尺。四周设六个门，南面有丽正门、德汇门、碧峰门，东边及东北、西北各一门，形成与一般皇家园林的不同特点。

居住和上朝理政的行宫区，布置在山庄南端的山岗上，构筑正宫、松鹤斋和东宫三部分，紧靠承德市。宫区正南向，正宫大殿为"淡泊敬诚殿"，是皇帝接见王公大臣和朝理政务的正殿，全用楠木构筑，又称楠木殿。正殿后是一长排"十九间房"，是居住区。过夹道是正宫后院，正中是幢高二层的"烟波致爽"楼（康熙第一景），在楼的左右，都置有供后妃居住的四合小院。楼后另有高楼突起，叫"云山胜地"（康熙第八景），人于楼上可远眺近览避暑山庄的胜景。原宫区建筑较多，但有些已不复存在。

整个山庄西北高东南低，东南有泉水聚集的湖泊和平地，西部及北部是地势起伏的山丘，这里林木茂密。山庄的湖水总称塞湖，在广阔的湖水区四周，群山环抱，宛如天然画屏。常年不断的默沁、汤泉等温泉和茅沟河、赛音河河水，滋润着漫山的林木花草，寒冬不结冰，夏日凉爽宜人。

清代皇帝选择这块山常绿、水常清、天常蓝的地方作园址，充分利用热河泉源和数条山涧，因地就势，加以人工穿凿，形成镜湖、澄湖、上湖、下湖、如意湖等水景区。其间又用杨柳依依的长堤或桥相连，形成水面的深远、曲折、含蓄、多变的园林艺术意境。又叠石堆山于湖中，构成了月色江声洲、如意洲、金山洲等众多的洲与岛，丰富了水面的变化与层次。随着水面的曲折变化，将楼、台、亭、榭等，或倚岸临水，或深入水际，或半抱水面，或掩映于绿树鲜花丛中，皆以因水成景，因水而秀。而那热河泉水，蒸汽弥漫，更为奇雾。雨中山庄，湖光浩淼，更有魅力。

避暑山庄湖洲区中的重要一景——金山，三面临湖，一面溪流。山石堆叠，峭壁峻崖，层层斜上，山势雄奇秀丽，构成湖区极为重要的高视点和构图中心。山上楼阁，下筑亭台，临湖背山，环如半月，波光岩影，佳丽异常。整个布局紧凑而有韵律。在人工金山岛这个有限的面积中，有不同的层次和变化的空间，而苍松翠柏几株，又突破了平野横空之感。在远望金山之景的观赏线上，前有波平如镜的湖面与清幽浓重的金山倒映，后有溪水，远处真山淡雅清晰，成为前景金山的余韵，而金山则又为远景的序曲，形成了一种有前奏，有高潮，有余韵的强烈的节奏感，给人以极好的艺术享受。金山，本在江苏镇江的江心。山上建有江天寺、妙高峰、法海洞、慈寿寺等名胜。据说是康熙皇帝南巡时，多次登金山游览，醉心于江流天际的壮丽景色，回京后便在山庄水面开阔的澄湖东部修筑了金山岛。走过热河源头，在金山对面的湖岸上向金山望去，金山上的树木一片浓绿，楼阁殿宇掩映其中。金山脚下碧波荡漾，游船往来，而天碧蓝，云雪白，让人怀疑这里是仙境而非人间。

起伏的山峦横卧在避暑山庄的西北部，松云峡、梨树峪、松林峪等幽谷奇峡环抱湖洲，园林建筑不施彩绘，不加雕饰，清雅宜人。这里有许多景观是其他皇家园林所没有的，如万树园的大片榆树，山谷区的水泉沟、松林峪，大面积的古松林，姿态奇特。梨树峪到春天时一片梨花盛开，有梨花伴月的诗境。秋天梨熟，一片丰收景象。

园外东、北两面的外八庙，借景于避暑山庄，成为该园的另一特点。八大庙中的普陀宗乘与须弥福寿寺等是仿藏等地的建筑形式，各具异态，蔚为壮观，为山庄大为增色。

康熙时期，避暑山庄有三十六景，到乾隆又增三十六景，共七十二景，景色各异。当游人循径登高，立于山巅，鸟瞰山庄园林时，但见由岛洲堤桥分割成的若干水景区，湖水清波荡漾，万树成园，水面植荷，亭台楼阁隐露其间，涧泉潺潺，长流不断，山光水色，竞秀争奇。这时人们就会发现，由行宫区、湖洲区、谷原区、山岭区组成的山庄园林意境，凭着这一带的天然胜地，人工为之，巧夺天工，妙极自然。

四、清漪园（颐和园）

清漪园在北京城西北郊约10公里，公元1888年光绪把英法侵略者焚毁的清漪园修复后，改称为颐和园（见图6-8，图6-9）。

在一千多年前，北京的颐和园还只是一座荒山。山前的湖泊在元代疏浚后，作为通惠河的一个水源。明代，人们在这里开辟田垅，种植水稻和菱、莲等水生植物，为原来的荒山、水源增了一点景色，始有北国江南水乡风景之感。为此，有人把这里比作杭州西湖。

到了清代，乾隆皇帝看上了这一带的自然山水，开始建园。挖湖堆山，两年后初具规模，并命名为"清漪园"，将西湖命名为"昆明湖"。原来纯朴自然的山水，经过造园家的巧妙布置，逐渐成为峰峦凝碧，洞壑幽深，碧波荡漾，绰约多姿的秀美湖山景色。

图6-8　颐和园石舫图一

公元1860年，清漪园如同圆明园一样，遭受到英法帝国主义侵略军的破坏，几乎全部焚毁。1888年又重新修复，改名颐和园。1900年，在"八国联军"侵占时，颐和园又遭到极大的破坏，直到1903年才修复成现在我们所见到的情景。

颐和园的面积约为285公顷，其中水面约占五分之四。它的总体布局是根据所处自然地势条件和使用要求，因地制宜地划分成四个景区：东宫门和万寿山东部的朝庭；万寿山的前山部分；后湖及万寿山的后山部分；昆明湖的南湖及西湖部分（见图6-10）。

图6-9　颐和园石舫图二

颐和园不仅是一个供游憩的园林，它同时还具有宫廷的作用。东宫门是颐和园的正门，这里布置了一片密集的宫殿式建筑，以示皇家园林严肃、庄重的气派。东宫门的仁寿殿，是清朝皇帝处理朝政的宫殿，慈禧在这里受朝理政，并度过了一生中的大部分时间。仁寿殿的西侧乐寿堂便是慈禧太后的住处。为了取得园林气势，在庭院中布置山石盆景等，建筑采取了灰瓦卷棚顶，以区别于故宫的建筑，使整个建筑在均衡对称的布局中，有一定的活泼性。园中主体建筑佛香阁，作为全园的构图中心。它北面依山，以取山林意境；南面临湖，故得看水的意境。从临湖的牌坊经排云门、排云殿、佛香阁直达山顶的智慧海，构成一条明显的中轴线，而且层层上登，仰之弥高，气魂雄伟。佛香阁原是仿黄鹤楼设计修建的，阁基为八方式，阁高达 38 米，堂皇富丽为全园建筑之冠。置于万寿山前山的正中，地位适中得体，起到了控制全园的作用。

图 6－10　颐和园鸟瞰图

沿着昆明湖边，东起于乐寿堂，西到前山的最西端，建了一条 728 米长廊。它像一条纽带把前山上下的各组建筑联系在一起，并且成为各组建筑中的大过道，可以在这里散步或坐在栏杆上欣赏远近建筑和大自然的景色。长廊建筑本身在一定距离内又布置了亭子或通到临湖的轩榭，把它分成有节奏的段落，又蜿蜒曲折。长廊把万寿山与昆明湖联系在一起，既起空间分割作用，又有使园林空间有机过渡的作用，丰富了空间的变化与层次。

颐和园后山的景色与前山迥然不同。后山山路盘旋上下，曲折自然，道旁松柏掩映，鸟语声声，山下一条弯曲的河水，忽宽忽窄，间以石、木桥梁，沿溪流缓行，绿水清新，非常幽静，眼耳俱适，心旷神怡。

颐和园的东北角，后山的东端，地势低下，因地就势，构成以水面为中心的谐趣园。这是一个园中之园，以水池为中心，在水面周围布置亭、台、楼、榭，用游廊、小桥相连，配以古树修竹，又有满池荷花，自成一个与外界隔绝的宁静小天地。

颐和园南部的昆明湖，是一片广阔的水面。用筑堤和洲岛的分隔将湖面划分为四个湖口。昆明湖的十七孔桥是仿卢沟桥，每个石栏柱顶部都有石狮子，姿态各异，犹如一道长虹飞架湖上，使水面既分割又有联系，湖山大为增色。在西堤上又建了不同形式的六座桥梁，有玉带桥、界湖桥、练桥、镜桥、驼背桥等，它们的姿态与自然景色十分协调。这种水面分割的办法，增加了湖面的空间层次和深远感，把宽阔的昆明湖点缀得更加生动秀丽。

据记载，清朝的统治者，因无限倾慕杭州西湖的秀美，曾要求在颐和园中再现西湖的景色，因此颐和园的布局与设计，在许多地方都效仿于杭州西湖，深受江南园林的影响。如西堤六桥仿杭州苏堤六桥，还有仿杭州西湖湖心亭式的岛屿。水面的形状也尽量模仿西湖，也有"雷峰塔"式的报恩寺塔（后为佛香阁），也有模仿无锡寄畅园的谐趣园等。但颐和园也结合自己特有的条件和要求，比杭州西湖来得富丽堂皇，具有许多不同的风格和处理方法，也显示出帝王骄奢豪华的生活享受。但由于自然条件所限，无论是水面或绿化方面与杭州西湖的自然景观还是实难相比的。

颐和园的总体布置是继承了中国造园的传统手法。颐和园是以山水风景为主的山水宫苑，辽阔的湖跟巍峨的山是平面和立面的对比，是动和静的对比，成为对比的湖和山又互相借鉴，而呈现了湖光山色的多种形态。荡舟湖上时，万寿山及其豪华壮丽的建筑群是视景的焦点，身在山上时，昆明湖水清波堤桥辉映又成为风景的焦点。

颐和园的后山与前山具有完全不同的情调，它是一处非常幽静的地带。前山和后山，广阔明朗的昆明湖和曲折幽静的后湖，这种对比手法的处理，在颐和园中是很成功的。

颐和园也运用了中国造园中巧妙的借景手法。如布置一些适当的眺望点，使西山、玉泉山诸峰的景色组织到园里来。至于园内各组景色则通过曲径、高台、游廊、亭阁串联起来，互相衬托，极尽变幻之能事。

颐和园的建造也动用了大量的人力和财力，营建了许多美丽的景物。如雄伟轩昂的佛香阁及丰富多彩、形式各异的众多建筑。临湖的雕石栏杆，大量的叠石山和饶有风趣的建筑小品，如什锦灯窗墙、铜牛等。

颐和园是中国现存古代园林中规模大，最华丽而保存又比较完整的一个例子，尤其是园内建筑物有很高的创造性。它是几千年来我国造园技术和艺术传统的积累。

五、故宫御花园

明代永乐十五年（公元1417年）始建，十八年建成，名为"宫后苑"。清雍正朝起，称"御花园"。位于紫禁城中轴线的北端，正南有坤宁门同后三宫相连，左右分设琼苑东门、琼苑西门，可通东西六宫；北面是集福门、延和门、承光门围合的牌楼坊门和顺贞门，正对着紫禁城最北端的神武门（见图6-11，图6-12）。

园墙内东西宽135米，南北深89米，占地12 015平方米。园内建筑采取了中轴对称的布局。中路是一个以重檐盝顶、上安镏金宝瓶的钦安殿为主体建筑的院落。东西两路建筑基本对称，东路建筑有堆秀山御景亭、璃藻堂、浮碧亭、万春亭、绛雪轩；西路建筑有延辉阁、位育斋、澄瑞亭、千秋亭、养性斋，还有四神祠、井亭、鹿台等。这些建筑绝大多数为游憩观赏或敬神拜佛之用，唯有璃藻堂从乾隆时起，排贮《四库全书荟要》，供皇帝查阅。建筑多倚围墙，只以少数精美造型的亭台立于园中，空间舒广。园内遍植古柏老槐，罗列奇石玉座、金麟铜像、盆花桩景，增添了园内景象的变化，丰富了园景的层次。御花园地面用各色卵石镶拼成福、禄、寿象征性图案，丰富多彩。著名的堆秀山是宫中重阳节登高的地方，叠石独特，磴道盘曲，下有石雕蟠龙喷水，上筑御景亭，可眺望四周景色。

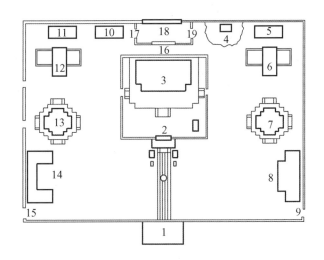

图 6-11　故宫御花园平面图

1—坤宁门；2—天一门；3—钦安殿；4—御景亭；5—擒藻堂；6—浮碧亭；7—万春亭；8—绛雪轩；
9—琼苑东门；10—延辉阁；11—位育斋；12—澄瑞亭；13—千秋亭；14—养性斋；
15—琼苑西门；16—承光门；17—集福门；18—顺贞门；19—延和门

图 6-12　故宫御花园之万春亭

六、静宜园

静宜园（见图 6-13，图 6-14）位于北京西北郊的香山（见图 6-15），是清代的一座以山地为基址而建成的行宫御苑。香山丘壑起伏，林木繁茂，为北京西山山系的一部分。主峰香炉峰，俗称"鬼见愁"，海拔 557 米，南、北侧岭的山势自西向东延伸递减成环抱之势，景界开阔，可以俯瞰东面的广大平原。

图 6 – 13　静宜园之见心斋

图 6 – 14　静宜园之秋景

图 6 – 15　香山景区

金大定二十六年（公元1186年）建香山寺，明代又有许多佛寺建成，但仍以香山寺最为宏丽。香山因此而成为北京西北郊的一处风景名胜区。清康熙年间（公元662－1722年），就在香山寺及其附近建成"香山行宫"。乾隆十年（公元1745年）加以扩建，翌年竣工，改名"静宜园"。这座以自然景观为主、具有浓郁的山林野趣的大型园林包括内垣、外垣、别垣三部分，占地约153公顷。园内的大小建筑群共50余处，经乾隆皇帝命名题署的有"二十八景"。内垣接近山麓，为园内主要建筑荟萃之地，各种类型的建筑物如宫殿、梵刹、厅堂、轩榭、园林庭院等，都能依山就势，成为天然风景的点缀。外垣占地最广，是静宜园的高山区，建筑物很少，以山林景观为主调，这里地势开阔而高峻，可对园内外的景色一览无遗。外垣的"西山晴雪"，为著名的燕京八景之一。别垣内有见心斋和昭庙两处较大的建筑群。园中之园见心斋始建于明代嘉靖年间（公元1522—1566年），庭院内以曲廊环抱半圆形水池，池西有三开间的轩榭，即见心斋。斋后山石嶙峋，厅堂依山而建，松柏交翠，环境幽雅。昭庙是一所大型佛寺，全名"宗镜大昭之庙"，乾隆四十五年（公元1780年）为纪念班禅六世来京朝觐而修建的，兼有汉族和藏族的建筑风格。庙后矗立着一座造型秀美、色彩华丽的七层琉璃砖塔。

静宜园于清咸丰十年（公元1860年）和光绪二十六年（公元1900年）两次遭受外国侵略军的焚掠、破坏之后，原有的建筑物除见心斋和昭庙外，都已荡然无存。但它的山石泉水、奇松古树所构成的自然景观，仍然美不胜收。春夏之际，林木蓊郁，群芳怒放，泉流潺潺；秋高气爽之时，满山红叶，层林尽染，尤为引人入胜。

七、谐趣园

谐趣园位于颐和园万寿山的东麓，它的前身惠山园始建于乾隆十六年（公元1751年），是仿照江南名园之一的寄畅园建造的一座园中之园（见图6－16～图6－18）。

图6－16　谐趣园

乾隆十六年，乾隆帝第一次南巡，对无锡寄畅园的"嘉园迹胜"非常欣赏，誉之为"清泉白石自仙境，玉珠冰梅总化工"。命随行画师把此园景致摹绘成图，"携图以归，肖其意于万寿山之东麓，名曰惠山园"。三年后建成，乾隆很满意，亲自题署"惠山园八景"，并多次赋写《惠山园八景诗》。惠山园之仿寄畅园，首先是"肖其意于万寿山之东麓"而选择一处与寄畅园的地貌环境相似的建园基址。万寿山的东麓地势比较低洼，从后湖引来的一股活水有将近两米的落差，经穿山疏导加工成峡谷与瀑布，汇入园内的水池。借景于西面的万寿山，颇类似于寄畅园之借景于锡山。惠山园的环境幽静深邃，富于山林野趣，它与东宫门、宫廷区相距不远，又邻近后湖水道的尽端，水陆交通都比较便捷。从清漪园的总体规划看来，这个小园林既是前山前湖景区向东北方向的一个延伸点，又是后山后湖景区的一个结束点。有了它，颐和园东北隅上这个难以处理的角落就变活了。

图6-17　谐趣园秋景

图6-18　谐趣园冬景

另外，园林本身的设计也以寄畅园作为蓝本。据《日下旧闻考》记载："惠山园规制仿寄畅园，建万寿山之东麓……。惠山园门西向，门内池数亩。池东为载时堂，其北为墨妙轩。园池之西为就云楼，稍南为澹碧斋。池南折而东为水乐亭，为之鱼桥。就云楼之东为寻诗迳，迳侧为涵光洞"。这就是乾隆时期的惠山园的大致情况。

当年，水池北岸一带山石林泉的自然情调是很浓郁的。按乾隆《惠山园八景诗》的描写，就云楼的东面是"苔径缭曲，护以石栏；点笔题诗，幽寻无尽"的寻诗迳，其侧还有类似寄畅园八音洞的那样逐层迭落的流泉"玉琴峡"。水池北岸的青石叠山，其形象宛若"窈窕神仙府，嵚崎灵鹫峰"，堆叠技法属于平岗小坂的路数，是当年北京园林叠山的精品之一。建筑物及疏朗地点缀在临池的山石林木间，数量少而尺度小。三开间的墨妙轩在寻诗迳的东端，轩内藏三希堂的临摹法帖，它的背面紧邻峭立的岩石，南面为曲径中的流泉。水池东岸的载时堂是惠山园的主体建筑物，它所处的位置和局部环境很像寄畅园的嘉树棠；正面隔水借景万寿山，山脊的昙花阁透过浓密的松林依稀可见。其余的建筑物主要集中在水池的南岸，并以曲廊与池东、池西岸的个体建筑相连贯。形成池北以山石林泉取胜，池南以建筑为主景的对比态势。

惠山园的入口选择在园的西南角位，这固然为了与园外的山道、水路衔接，同时也为了利用这个部位的斜角观景的透视效果来扩大园林的景深，增加园林内部的空间层次。

寄畅园内的土石假山宛若园外真山的余脉，惠山园也有类似的情况。池北岸的假山与西侧的万寿山气脉相连，因而更增加了前者的神韵。这两座园林的理水手法也很相似，都以水面作为园林的中心。水面的大小和形状差不多，横跨水面的知鱼桥与七星桥的位置，走向亦大致相同。寄畅园的建筑疏朗，以山水林木之美取胜，具有明代和清初江南私家园林的典型风格；惠山园也具备这样的风格，因而成为当年清漪园内最富于江南情调的一座园中之园。利用挖池的土方堆筑为池东南和东北面沿园墙一带的土丘，把高大的园墙遮挡起来。同时，这些人工土丘也成了池北岸的叠石假山的陪衬，仿佛是万寿山以连绵不断之势自西向北再兜转到池的东南。主山有次山陪衬，正体现了"主峰最宜高耸，客山须是奔趋"的画理。水面形状为曲尺形，在东西和南北方向上都能保持 70～80 米的进深，避免了寄畅园锦汇漪的东西向进深过浅的缺陷。水池的四个角位都以跨水的廊、桥分出水湾与水口，增加了水面的层次，意图与寄畅园的也是相同的。

嘉靖十六年（公元 1811 年），在水池的北岸加建涵远堂，面阔五间带周围廊，以其巨大的体量成为园内的主体建筑，并改园之名为谐趣园。咸丰十八年（公元 1860 年）被英法联军焚毁。光绪十八年（公元 1892 年）重建，大体上就是今天的面貌。

光绪重建后的谐趣园，建筑的比重增大。由于庞大的涵远堂的建成，建筑的中心转移到池的北岸。对比之下，水体和园林的空间尺度感都变小了。另在园的西南角加建方亭"知春亭"和水榭"引镜"，环池一周以弧形和曲尺形的游廊联系围合。池北岸的假山全部为殿堂亭廊遮挡，破坏了惠山园时期山水紧密结合的布局，把原来以山水林泉取胜的自然环境，改变成为比较封闭的人工气氛比较浓厚的建筑庭院空间，这无疑是园林总体规划上的一个变化。从这座园林重建前后的对比，也足以说明清中叶到清末的造园风格演变的一般趋势。

园林的创作脱离不开时代艺术风尚的影响，谐趣园的建筑密度增大亦属势之必然。不过，即便在这种情况下，谐趣园的建筑群体布局，也自有其独到和可取之处。（1）建筑物有秩序感，建筑物虽多却不流于散乱。两边对景轴线把它们有秩序地组织在一起，统一为一个有机的整体。一条是纵贯南北、自涵远堂至饮绿亭的主轴线，这条轴线往北延伸到小园林"霁清轩"；另一条是入口宫门与洗秋轩对景的次轴线。有了这两条对景的轴线，其余建筑物都因地制宜地灵活安排，由廊墙在横向上把它们高低曲折的联系起来，并不感到散漫而是在规矩中增添了自由活泼的意趣。（2）园林建筑的形式及其组合手法丰富多彩。例如，亭子就有方亭、长方形亭、圆形重檐亭等。廊子有双面空廊、随墙空廊、水廊、弧形廊、曲尺形折廊等。亭作为观景和点景建筑，特别注意位置的选择。饮绿亭和洗秋轩（见图 6-19）正好位于水池的曲尺形拐角处，也是两条轴线的交汇点，俯首池水清澈荡漾，游鱼穿梭荷藻间，举目则可观北岸、西岸的松林烟霞。若从池的东、北、西岸观赏，它们又都处在突出的中景位置，比例、尺度也很得体。嘱新楼巧妙地利用地形的落差，从园外看是单层的敞轩，从园内看却是二层楼房，并倚天然岩石结合山石堆叠为室外扶梯等等。

谐趣园的外围山坡上丛植参天的青松翠柏形成绿色的屏障，其下衬以碧桃、黄荆及野生花草，有浓郁的山野气氛，与万寿山的绿化基调也很协调。水池沿岸遍植垂柳，柔枝低拂水上。水面划出一定范围种植荷花，锦鳞万头游嬉其间。玉琴峡附近种植大片竹林，风动竹篁，其声如碎玉倾洒，配合流水叮咚，更增益这座小园的诗情画意。

图 6 - 19　谐趣园夏景（饮绿亭、洗秋轩）

第三节　明清时期的江南私家园林

明、清是我国园林建筑艺术的集大成时期，此时期除建造了规模宏大的皇家园林外，封建士大夫们为了满足家居生活的需要，还在城市中大量建造以山水为骨干、饶有山林之趣的宅园，来满足日常聚会、游憩、宴客、居住等需要。

封建士大夫的私家园林，多建在城市之中或近郊，与住宅相联。在不大的面积内，追求空间艺术的变化，风格素雅精巧，达到平中求趣，拙间取巧的意境，满足以欣赏为主的要求。

宅园多是因阜掇山，因洼疏地，亭、台、楼、阁众多，植以树木花草的"城市山林"。在数量上几乎遍布全国各地，其中比较集中的地方有北方的北京，南方的苏州、扬州、杭州、南京。其中江南的私家园林是最为典型的代表。

江南私家园林是以开池筑山为主的自然式风景山水园林。江南一带河湖密布，具有得天独厚的自然条件，又有玲珑空透的太湖石等造园材料，这些都为江南造园活动提供了非常有利的条件。

江南园林不仅在风格上与北方园林不同，在使用要求上也有些区别。江南园林以扬州、无锡、苏州、湖州、上海、常熟、南京等城市为主，其中又以苏州、扬州最为著称，也最具有代表性，而私家园林则又以苏州为最多。为此，苏州又有"江南园林甲天下，苏州园林甲江南"之称。

　　文化古城扬州，至清朝康熙、乾隆年间，大小园林已有百余处，为此，有"扬州以园事胜"的说法。由于扬州地处南北之间，它综合了南北造园的艺术手法，形成扬州园林具有所谓北雄南秀皆备的独特风格。从隋、唐开始，扬州由于经济繁荣，富商大贾云集，文人雅士荟萃，对扬州园林的发展起了极大的促进作用。

　　地处江南水乡的苏州，城市中水道纵横、气候适宜，植物繁茂，花草树木品种丰富，当地又产太湖石，叠石掇山的技巧高明，造园条件特别优越，物资又很丰富。为此，富饶的苏州，成了官僚豪富掠夺和享乐的一个重要地方。明清封建社会末期，经济发达的江南地区，就成了私家园林的集中地，苏州的造园活动达到高潮，官僚地主争相造园，一时成为风尚，造园之风达三百余年之久。

　　皇家园林一般总是带有均衡、对称、庄严、豪华以及威严的气氛。而江南地区的私家园林，多建在城市，并与住宅相联。占地甚少，小者一二亩，大者数十亩。在园景的处理上，善于在有限的空间内有较大的变化，巧妙地组成千变万化的景区和游览路线。常用粉墙、花窗或长廊来分割园景空间，但又隔而不断，掩映有趣。通过画框似的一个个漏窗，形成不同的画面，变幻无穷，堂奥纵深，激发游人探幽的兴致。有虚有实，步移景换，主次分明，景多意深，其趣无穷。

　　如苏州拙政园，园中心是远香堂，它的四面都是挺秀的窗格，像是画家的取景框，人们在堂内可以通过窗格观赏园景。远香堂的对面，绿叶掩映的山上，有雪香云蔚亭，亭的四周遍植腊梅；东隅，亭亭玉立的玉兰和鲜艳的桃花，点缀在亭台假山之间；望西，朱红栋梁的荷风四面亭，亭边柳条摇曳，春光月夜，备觉雅静清幽。国内植物花卉品种繁多，植树栽花，富有情趣，建筑玲珑活泼，给人以轻松之感。

　　巧于因借是江南园林的另一特点，利用借景的手法，使得盈尺之地，俨然大地。借景的办法，通常是通过漏窗使园内外或远或近的景观有机地结合起来，给有限的空间以无限延伸，大园包小园，造成空间多变，层次丰富，这种园中之园，又常在曲径通幽处，在你感到"山重水复疑无路"时，却又"柳暗花明又一村"，使人产生"迂回不尽致，云水相忘之乐"。有时远借它之物、之景，为我所有，丰富园景。

　　江南私家园林大都是封建文人、士大夫及地主经营的，比起皇家园林来可说是小本经营，所以更讲究细部的处理和建筑的玲珑精致。江南私家园林建筑的室内普遍陈设有各种字画、工艺品和精致的家具。这些工艺品和家具与建筑功能相协调，经过精心布置，形成了我国园林建筑特有的室内陈设艺术，这种陈设又极大地突出了园林建筑的欣赏性。如苏州留园的楠木厅里，家具都由楠木制成，室内装饰美观精致、朴素大方，形成了一个欣赏性的典雅的室内环境。室内布局一般都采用习惯的对称手法，墙壁上的字画挂屏以及室外的石案、石墩等，也都采取对称的布局，在重复中富有节奏。室内外装修与家具陈设品均以枣红、黑、栗壳等三色为主要色调，从而与园林其他部分的紫青色、白色相调和呼应，体现了园林建筑室内外设计的宁静要求。这恰恰与皇家宫殿建筑追求豪华壮丽，用大红大绿的色调形成强烈的对比。

　　楹联、诗词、题咏与园林相结合，利用文学的手段深化人们对园林景色的理解，启发人们的想象力，使园林更富有诗情画意的手法在江南园林中也是极为成功的。造园匠师们善于用文学上形象思维的艺术魅力来美化园景，厅、堂、亭、谢上的楹联常常是赏景的说明书。如拙政园中"海棠春坞"指的是庭内种有海棠的小院，宜春日小憩；"荷风四面"亭指的是四面临池的小亭，宜夏夜纳凉；"待霜"亭周围遍植桔树，宜深秋登临；"雪香云蔚"亭附近遍植腊梅，宜冬日踏雪。楹联、诗词、题咏兼有书法之妙，更引人欣赏。

这一时期也有更多的文人画家参与园林的设计与造园实践，明朝有著名的张南阳、周秉成、计成等，清代有张涟、张然、叶眺等。他们既善长绘画又是造园家。其中计成总结了造园的理论，著有《园冶》一书；张涟叠白沙翠竹与江村石壁；计成叠影园山；石涛叠片石山房、万石园等。他们的实践和理论，大大地促进了江南园林艺术的发展。

明清江南私家园林的造园意境达到了自然美、建筑美、绘画美和文学艺术的有机统一。与一般艺术不同的是，它主要是由建筑、山水、花木组成的综合艺术品。成功的园林艺术，既能再现自然山水美，又高于自然，而且不露人工斧凿的痕迹。

第四节　明清时期的江南私家园林实例

一、拙政园

拙政园位于苏州市娄门内东北街 178 号，1961 年被列为全国重点文物保护单位，建于明代。据记载，此前园址一带曾有不少名士宅第——三国时有吴郡太守陆绩宅第，东晋时有高士戴颙园居，晚唐有诗人陆龟蒙宅，北宋时有山阴县主薄胡稷言五柳堂，元代建有大弘寺，张士诚居苏时，其婿潘元绍在此建驸马府。明御史王献臣解官归隐苏州，于正德四年，以原大弘寺址为基础，拓建为园，取晋代潘岳《闲居赋》中"灌园鬻蔬，以供朝夕之膳，是亦拙者之为政也"之意，名"拙政园"（见图 6－20）。

图 6－20　拙政园入口处

王献臣死后，园宅屡易其主，或属私家宅第，或为官府衙署，几经分合兴衰。先是其子一夜巨赌，将园输给徐氏。徐氏居此园五世，后家道衰而园废。崇祯四年，侍郎王心一购得园东部荒地十余亩，别营归田园居。清初，钱谦益曾构曲房于园西部安置爱妻柳如是。顺治十年，大学士海宁陈之遴购得此园，重加修葺，备极侈丽。内有宝珠山茶三四株，花妍色鲜，江南仅见，最为时人称道，吴梅村题有《咏拙政园山茶花》长歌。康熙元年，园没入官府，先后为驻防将军府、兵备道行馆。后为吴三桂女婿王永宁居所，构筑斑竹厅、娘娘厅、楠木厅等，雕龙刻凤。康熙十八年，改为苏松常道署。康熙二十三年，康熙南巡曾游此园。乾隆初年，园中部归太守蒋棨，葺旧成新，名"复园"；西部归太守叶书宽，名"书园"。后又属程、赵、汪等姓。嘉庆二十五年，又归平湖吴敬，时称"吴园"。咸丰十年，太平军入苏，忠王李秀成以西部潘宅、西部汪宅为忠王府，拙政园全部归属王府范围。同治二年，清军攻占苏州，园中部作价入官，为巡抚行辕。同治十年冬，江苏巡抚张之万入居吴园，同治十一年改为"八旗奉直会馆"，园仍名"拙政园"。光绪三年，园西部归富商张覆谦，改名"补园"。

辛亥革命时，曾在拙政园召开江苏临时省议会。1938 年，日伪江苏省政府在此办公。日本投降后，一度作为国立社会教育学院校舍。解放后，曾由苏南行署苏州专员公署使用。1951 年拙政园划归苏南区文物管理委员会。当时，园中小飞虹及西部曲廊等处已坍毁，见山楼腐朽倾斜，亭阁残破。苏南文馆会筹措资金，按原样修复，并连通中西两部，1952 年10 月竣工，11 月 6 日正式对外开放。1954 年 1 月，园划归市园林管理处。1955 年重建东部，1960 年 9 月完工。至此，拙政园东、中、西三部重归统一。

拙政园历时 400 余年，变迁繁多，或增或废，或兴或衰，历尽沧桑。现存建筑大多为太平天国及其后修建的，然而明清旧制大体尚在。该园规模之宏大，为现存苏州古典园林之首，占地 5.195 万平方米，园分东、中、西三部分，南有一处住宅。它是明清以来苏州著名园林之一，也是我国江南园林的代表作之一（见图 6 - 21）。

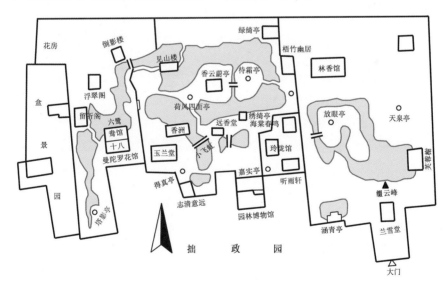

图 6 - 21 拙政园平面图

拙政园全园的 3/5 为水面，造园者采用了"高方欲就亭台，低凹可开池沼"的因地制宜的手法。不同形体的建筑物都傍水而建，建筑造型力求轻盈活泼；在开阔的水面上或布置小岛，或架设小桥，打破了单调的气氛，衬托了深远的意境，使游人如置身于构图严谨的山水画中。

拙政园由园和住宅两部分组成，园子位于住宅的北侧。入口部分有院门，内叠石为假

山，成为障景，使人入院门不能一下子看到全院的景物。在山后有一小池，循廊绕池便豁然开朗。

拙政园中部总体布局以水面为中心，临水建不同形体和高低错落的建筑。山林葱郁，颇富江南水乡情趣，是全园精华所在。水池东西向长，池小仿瀛海三岛的意境，岛的南面隔水为远香堂。岛的东、西、南三面都有曲桥可通，西面从"柳荫路曲"的石桥可至西端小岛，路上布"荷风四面亭"，过亭往东，则可到三岛中最大的一个，岛上建"雪香云蔚"亭，亭的周围遍植腊梅，山间曲径，两侧乔木丛竹相掩，满山遍植树木，蔽日浓荫，富有山林之感。由亭下坡，有一溪流横陈眼前，这水系正是水绕山转之意，过溪便到三岛之中的东面小岛，上建"北山亭"，又叫"待霜亭"。

经亭过曲桥便到池畔的"梧竹幽居"亭（见图6-22）。梧竹幽居亭是一个坐观静赏的极好景点，小阁枕清流，桥下水声长，人于亭内可望绣绮亭、远香堂、荷风四面亭（见图6-26）、香洲、雪香云蔚亭（见图6-25）等景点和水面之景，中部的景色也尽收眼底。

图6-22 "梧竹幽居"亭

拙政园的主体建筑远香堂置于山池之间。周围环境开阔，建筑又采用四面空透的窗格，像是画家的取景框，以便尽收四周水山景色。远香堂周围环绕着九组建筑庭院，远香堂东隅，即从梧竹幽居南行，可到"海棠春坞"小庭院，庭院内海棠二株，翠竹一丛，东西有半廊，南为粉墙，北为书斋，这是一个极清幽的小庭院。海棠、翠竹、山石与粉墙组成一幅极好的立体画图（见图6-23）。远香堂之西，有朱红栋梁的荷风四面亭，亭边柳条摇曳，春光月夜，或中秋佳节，漫步其中，备赏雅静清幽。而在远香堂西南角上，有小飞虹和小沧浪等一组建筑。这些庭院都饶有浓郁的江南水乡风味。

由于水多，故而桥多，桥皆平桥，设有低栏，简洁轻快，与平静的水面十分协调。当人们由小沧浪凭栏北望，透过小飞虹遥望北向的荷风四面亭时，以见山楼作为远处背景，空间层次深远，景面如画。而那迂回曲折的石桥紧贴水面，人们站在桥边小憩，犹如到了瑶池仙境。漫步其中，水光倒影映照其面，正是"溪边照影行，天在清溪底，天上有行云，人在行云里。"

图6-23 "海棠春坞"小庭院

苏州园林大都为封闭式，难借园外景色，于是采取了另一种借景的办法，即对景。如拙政园内的枇杷园，月门正对雪香云蔚亭，漏窗、洞门既联系空间，又组成对景；而雪香云蔚亭一景，又是枇杷园小庭院的借景。绣绮亭在假山之上，紧倚枇杷园，在绣倚亭内俯视枇杷园小庭院，可远眺见山楼，这是前后左右高低互借的佳例。

拙政园西区也有一片水池，池北水面低处建倒影楼，池南有宜两亭，隔池互为对景，并倒映于清澈的池水之中，成为一处佳景。宜两亭建于山上，人于亭内既可看到西区园景，又可以俯瞰中区园景。宜两亭和北边的倒影楼之间有一曲折起伏跨水而建的波状长廊相连，水

图6-24 与谁同坐轩

廊沿池水走向，顺势而建，空间贯通多次。

以池为中心，环绕水池布置了三十六鸳鸯馆与十八曼陀罗花馆，形成院中院。池中挖土堆石成岛，扇亭建于岛上。流水环抱，近水楼台，池岸亭榭，构筑得体，倒影浮映，为拙政园西部园景的绝佳处。

图 6-25　雪香云蔚亭

图 6-26　荷风四面亭

东区为"归田园居"旧址，旧有建筑及山石大半已不存在，现有者多为解放后所建。园内设假山、水池、亭榭、茶室等，与中区依墙构复廊，辟南北二门相通。此区山池建筑的布置较为疏朗，又置大片草地，与我国传统造园手法有所不同，是一种新尝试。

二、留园

留园位于苏州市阊门外留园路 79 号（见图 6–36）。留园始建于明代。万历二十一年太仆寺少卿徐泰时罢官归里后，筑东园和西园。西园后舍作佛寺，即今戒幢律寺，东园即今留园前身。当时东园杂莳花竹，垒有假山，其中"太湖石一座，名瑞云峰，高三丈余，妍巧甲于江南"，相传为朱勔采凿，乃北宋"花石纲"遗物。乾隆四十四年，瑞云峰被移入织造府行宫。徐泰时去世后，东园渐废。乾隆五十九年，园归刘恕，经五年修复和扩建，于嘉庆三年告竣。园名"寒碧庄"，又名"花步小筑"，俗称"刘园"。园中有奇石十二峰，名奎宿、玉女、箬帽、青芝、累黍、一云、印月、猕猴、鸡冠、拂袖、仙掌、干霄，名重一时。其后，经咸丰更申战乱，园渐荒芜。

图 6–27　留园景色

图 6–28　留园五峰仙馆之楠木厅

同治十二年，盛康购得此园，大加修治，并改"刘园"为"留园"，谐其音而取"长留天地间"之意，留园之名始于此。盛氏留园泉石之胜，草木之美，亭榭之幽深，盛誉一时；山石之奇，以冠云峰为最。辛亥革命后，盛康之子盛宣怀流亡日本，园遂衰败。1927 年，北伐军二十一师司令部曾驻此园。20 世纪 40 年代，侵华日军和国命党军队先后在此饲养军马，门窗挂落破坏殆尽，残垣断壁，几成废墟。1953 年，人民政府拨款对留园进行抢修，1954 年元旦开放，供人游览。从布局上看，留园分为中区、东区、北区和西区四个主要部分，而以中区和东区为全园的精华所在。

园林艺术的时空变化与持续，在苏州园林中发挥得淋漓尽致。其中虚实、高低、明暗、动静、变化等处理得巧妙的佳例，莫过于苏州留园了。留园的入口是一古朴典雅的大门，而从入口步入庭院，利用了"欲扬先抑"的手法，走进入口是一小小的庭院，有几处盆景，使得小小的庭院富有生机。然后，游人进入一条小过道，这可以说是收。游人经过了这一段迂回曲折的狭小空间之后，来到"古木交柯"处，古树、山石、天竺，犹如立体的画面，进入视野的恰是那美丽的花窗。不同的、精巧的漏窗有数十种，具有将景物隔开，又将景物联成一体的功能。透过漏窗，浏览窗外若隐若现、一藏一露的景色，千变万化，令人神往。一会儿紫藤、桃花、茶花等万紫千红，芬芳四溢；一会又是远处亭台矗立，假山壁立，深壑丛林，溪流潺潺。透过漏窗上的各种图案北望，园林中部的山池楼阁隐约可见，步移景异，时过境迁，随着一年四季和一天内早、中、晚的时间变化，出现不同的景色（见图6-27）。

当游人穿过涵碧山房（见图6-32），空间骤变，视野顿时开阔。眼前一汪湖水，湖中堆土而成的小岛，犹如缩小了的蓬莱仙境，使人心逸神飞（见图6-33，图6-34）。

从涵碧山房西北，缓登爬山游廊（见图6-29，图6-30），中途有亭，叫"闻木樨香轩"。这儿是环视景色绝佳的中区名景。东看可见园东部的建筑群前后参差，高低错落；相互呼应的楼阁轩屋，掩映在古木奇石之间（见图6-35）；东南角是水池的尽头，精致的长排空窗，古木交柯的廊屋和水连成一角美景。再看那涵碧山房的平台突出水际，层次错落分

图6-29 留园的爬山游廊

明，更有倒影清晰在目，富有山林野趣。

东部以建筑与庭院为重点，远翠阁、曲豀楼、清风池馆、汲古得绠处、五峰仙馆（见图6-28）等皆错落有致，颇具匠心。主厅五峰仙馆又称楠木厅，是目前苏州园林中最大厅堂，内部装修甚为精美，馆的前后左右都有置石成景的院子，厅南庭中矗石峰五座，山上相传有十二生肖，后院也堆叠石峰假山，低处又砌筑小小金鱼缸，一泓清泉，清逸幽新。所叠假山后沿墙绕以回廊，可通达前后左右。整个五峰仙馆就置身在山石、树木、水池形成的庭院中，不出室门，就能坐观山林之美。

图6-30 留园的粉墙

图6-31 留园的太湖石（冠云峰）

五峰仙馆与林泉耆硕之馆之间，夹有两个小院，南面是石林小院和辑峰轩，北面是"还我读书处"。小院占地不多，却回廊环绕，空间通透，层次分明。庭中又植佳木修竹，芭蕉数片，精巧得体。

东区竖立着江南著名的峰石美景"留园三峰"，以高耸奇特冠世，又具嵌空瘦挺之妙，隔沼与鸳鸯馆相望，成为极好的对景。左右又有瑞云和灿云两峰做伴，成为江南园林中峰石最为集中的一帜。林泉耆硕之馆的鸳鸯厅，是欣赏石峰的最佳所在。冠云峰之北为冠云楼（见图6-31），登楼可一览全园景色。留园北区原建筑已毁，现广植竹、李、杏，余地辟置盆景。留园西区之土阜为全园最高处，可借景虎丘、天平、上方诸山，阜上植以青枫、银杏为主，秋季红叶遍山，堪称一绝。

图6-32　涵碧山房

图6-33　小蓬莱（可亭）

图6-34　小蓬莱

图6-35　舒啸亭

三、网师园

网师园在苏州市友谊路，南宋为史正志万卷堂址，园称"渔隐"。清乾隆时宋宗元重修，取其旧义，改名网师园。它是园与居住相结合的宅园，园在宅西，以布局紧凑，建筑精巧与空间尺度比例良好著称，是当地中型园林代表作（见图6-38，图6-41），被誉为苏州园林之"小园极致"，堪称中国园林以少胜多的典范。1982年被国务院列为全国重点文物保护单位。1997年12月被联合国教科文组织列入《世界文化遗产名录》。

网师园的造园历史可追溯至八百年前。南宋淳熙初年，吏部侍郎史正志于此建万卷堂，名其花圃为渔隐，植牡丹五百株。清乾隆年间，光禄寺少卿宋宗元在万卷堂故址，营造别业，为奉母养亲之所，始名网师园，内有十二景。乾隆末年，园为瞿远春购得，增建亭宇，叠石种树，由于瞿远春的巧为营造，使网师园"地只数亩，而有迂回不尽之致；居虽近尘，而有云水相忘之乐。"至今网师园仍总体保持着瞿氏当年造园的结构与风格。1917年，张作霖购此园，改名为"逸园"。1940年，园为文物鉴赏家何亚农买下，并对其进行全面整修，悉从旧规，并复网师园旧名。1950年何氏后人将园献给人民政府。1958年，网师园再经整修后对游人开放。

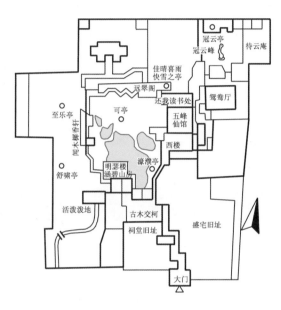

图6-36 留园平面图

网师园是古代苏州世家宅园相连布局的典型，东宅西园，有序结合。即以池水为中心，由东部住宅区、南部宴乐区、中部环池区、西部内园殿春簃和北部书房区等五部分组成。全园布局外形整齐均衡，内部又因景划区，境界各异（见图6-41）。园中部山水景物区，突出以水为中心的主题。水面聚而不分，池西北石板曲桥，低矮贴水，东南引静桥微微拱露。环池一周叠筑黄石假山高矮参差，曲折多变，使池面有水广波延和源头不尽之意。园内建筑以造型秀丽、精致小巧见长，尤其是池周的亭阁，有小、低、透的特点，内部家具装饰也精美多致，网师园意为"渔父钓叟之之"，园内的山水布置和景点题名蕴含着浓郁的隐逸气息。全园面积仅八亩多，做到了感觉宽绰而不显局促，主题突出，布局紧凑，小巧玲珑，清秀典雅，成功地运用比例陪衬关系和对比手法，获得较好的艺术效果，是苏州中型古典园林的代表作品。

1. 殿春簃

从彩霞池西北的平板曲桥西行（见图6-38），就见到书有"潭西渔隐"的小门。门内花姿绰约，花街铺地，奇石当户，别有一番天地，这就是享誉海内外的殿春簃小院（见图6-37）。

"簃"，原意指高大屋宇边用竹子搭成的小屋。"殿春"，指春末。殿春簃是从前园主的芍药圃，曾盛名一时。春季芍药开花最晚，宋苏东坡有"多谢花工怜寂寞，尚留芍药殿春风"的诗句。殿春簃以诗立景，以景会意，是古典园林小院建筑的精品。

图 6-37　苏州网师园（殿春簃景区）

图 6-38　网师园之彩霞池

殿春簃小院占地不到一亩，景观却很丰富，富有明代庭园"工整柔和、雅淡明快、简洁利落"的特色。小院布局合理，独具匠心，主体建筑将小院分南北两个空间，北部为一大一小主宾相从的书房，是实地空间，但实中有虚，藏中有露，屋后另有天井。南部为一大院落，散布着山石、清泉、半亭。南北两部形成空间大小、明暗、开合、虚实的对比，十分精致。

殿春簃小轩三间，西侧带一复室，窗明几净，最宜读书，为仿明式结构。轩北窗外，一树芭蕉，数枝翠竹，依窗而栽，绿意宜人。又有湖石夹列其间，屋前有石板平台，围以低石栏，屋顶为卷棚式，线条流畅，回音效果好，是园内听曲的好地方。正门四扇落地长窗，左右设半窗，室内正中悬匾额"殿春簃"。

20 世纪 30 年代，国画大师张大千寓居于网师园，相传此地即是他的画室。堂内北墙不封闭，开了三个大窗，用红木镶边形成三个长方形窗景，窗外天井中种植腊梅、翠竹、芭蕉、天竺，配以几峰湖石，一格窗景就是一幅立体的画，轻描淡写，空灵秀美。

室外的庭院布局结构紧凑。东南侧隙地起垄，为芍药圃，春末夏初，流香溢彩。庭院内采用周边假山手法，使之产生余脉连绵的情趣。假山不大，也不高，却起、承、转、合，极有章法，有韵律，有节奏，如一曲流畅的音乐。假山的起始是一脚矮脉，自院西北伸起，逶迤南奔，山势不峭不陡，不徐不疾，是这首交响曲开始时的前奏曲。继而渐渐拔高，出现假山群的第一个高潮，在庭院横轴线上正对"潭西渔隐"处，安排了一块石峰，突兀的峰体和正东开阔、明净的水面对比呼应。此后山势徘徊，似乐曲中的柔板、过渡，构半亭于山势中，亭名"冷泉"。此亭倚墙而筑，体量纤小，与小院格局十分相称，飞檐翘角颇为轻灵。亭中有一块巨大的灵壁石，形状像一只展翅欲飞的苍鹰，叩之铮铮有金属声。据传说，此石原在城西桃花坞唐寅宅内，辗转流传到此。在半亭中"坐石可品泉，凭栏能看花"，令人赏心悦目。到此，围拥小亭的山石态势继续南起突然跌岩下滑怪石嶙峋中，水气森森，俯视洞壑幽深，底藏渊潭，是一泓天然泉水，其旁有石刻"涵碧泉"，取意于宋代朱熹"一方水涵碧"的诗句。泉水清澈明净，水旁有小径。院内有此一泉，使全园水脉得以贯通，真不愧为该园艺术中的神来之笔。山势再往下而形成渊潭后，忽地拔高，恰如银瓶乍破，铁骑突出，矗立起一座陡峭的石峰，这是整个庭院中最高的湖石峰，与北面的主屋互相呼应，恰好处于南北的中轴线上，成为整个山石音乐最高潮。继而假山继续往东，若断还续，绵延不绝，恰似音韵流淌。幽咽泉流，群山匍匐。在东侧墙根外，峰峦忽而竞涌，群山归一；聚而为一大山，使人感到沉郁苍茫，犹如八音齐奏，金鼓齐鸣，作为全曲的终结，又有余脉之意，所谓意犹未尽，余情未了。整个山石峰脉意境相连，藏泉于谷，藏路于峰，藏洞于岭，有衔接，有过渡，空间浑然一体。

小院的花街铺地也颇具特色。为了与"网师"主题相合，平整洁净的整片鹅卵石图案与中部主园涟漪荡漾的浩淼池水成水陆对比，一是以水点石，一是以石点水，使整个园中处处有水可依，特别是用卵石组成的渔网图案，更隐隐透出"渔隐"的意境。

1978 年，美国纽约大都会艺术博物馆的友好人士来苏州参观游览，被苏州园林所陶醉，决意在其馆中建一座园林建筑。几经商谈，决定仿照殿春簃小院，分翠大洋彼岸，一则可陈列馆藏文物，再则也是为了让美国人民欣赏中国的园林艺术。由于是按明代建筑特色而设计建造，故取名为"明轩"。

明轩由苏州园林工匠设计建造，一下子轰动了纽约，轰动了美国。施工期间，美国前总

统尼克松几次前去参观，基辛格博士等要员也数度前往。明轩作为苏州园林的代表，开创了中国园林艺术走出国门的先河。

明轩建在大都会艺术博物馆二楼的玻璃天棚内，庭内阳光灿烂，四季如春，光亮、温度、湿度都被严格控制。庭院全长30米，宽13.5米，四周是7米多高的风火山墙。内有屋宇、曲廊、山石、碧泉、花木、小庭，采取以小见大、寓平以奇的手法，形成了"多方胜景、咫尺山林"的意境，犹如殿春簃的孪生姐妹，较完美地体现了苏州古典园林淡雅简朴、自然而又富于变化的艺术风格。殿春簃小院独具匠心，不落俗套，景物围绕着一个"雅"字做文章，称得上是园林艺术中的精品。

2. 砖雕门楼

以"精品园"著称的网师园，主厅万卷堂前的砖雕门楼雕刻精致，饱经300余年沧桑后仍然古雅清新，完好无损，精美绝伦，享有"江南第一门楼"的盛誉（见图6-39）。

砖雕门楼（见图6-39）位于门厅和大厅之间，高约6米，宽3.2米，厚1米，门楼东西两侧是黛瓦盖顶的风火墙，古色古香。顶部是一座飞角半亭，单檐歇山卷棚顶，戗角起翘，黛色小瓦覆盖，造型轻巧别致，挺拔俊秀，富有灵气。屋檐下枋库门由四方青砖拼砌在木板门上而成，并以梅花形铜质铆钉嵌饰，既美观大方，又牢固实用。

图6-39　网师园之砖雕门楼

门楼南侧上枋嵌有砖雕家堂，供奉"天地君亲师"五字牌位，已有几百年历史，极其精致。门楼北为主体，滴水瓦下全用水磨青砖精制而成，既是屋顶支撑物，又是门楼的装饰物。砖雕鹅头两个一组，十二对精美鹅头依次有序排列，支撑在"寿"字形镂空砖雕上，鹅头底部两翼，点缀细腻轻巧的砖雕花朵，几道精美的横条砖高低井然，依次向外延伸，鹅头上昂，气势雄伟，风雅秀丽，好一幅优美的立体画。

门楼中部上枋横匾是蔓草图，蔓生植物枝繁叶茂，滋长延伸，连绵不断，象征茂盛、长久吉祥。横匾两端倒挂砖柱花篮头，刻有狮子滚绣球及双龙戏珠，飘带轻盈。横匾边缘外，挂落轻巧，整个雕刻玲珑剔透，细腻入微，令人称绝。"藻"乃水草总称；"藻耀"，意即文采绚丽，文采飞扬；"高翔"即展翅高飞。两侧为兜肚，左侧刻有"郭子仪上寿"立体戏文图。图中郭子仪端坐正堂，胡须垂胸，慈祥可亲；八个文武官员，依次站立，有的手捧贡品，有的手拿兵器，厅堂摆着盆花，门前石狮一对，好不气派。郭子仪在唐肃宗时为平定安禄山、史思明之乱立了大功，被封为汾阳王，后为兵部尚书。他年寿很高，活了84岁。他的8个儿子、7个女婿，都为朝廷命官，史书称誉郭子仪"大富贵，亦寿考""大贤大德"。这幅戏文图的寓意为"福寿双全"。

右侧刻有"周文王访贤"立体戏文图。姜子牙长须垂胸，端坐于渭河边，周文王单膝下跪求贤，文武大臣前呼后拥，有的牵着马，有的手持兵器，浩浩荡荡。这里描写周文王访得姜子牙的场景。文王备修道德，百姓爱戴，是个大德之君，而姜子牙文韬武略，隐于渭水之滨。有一次，周文王出猎之前，令人占卜，说他此次"所获非龙非黑，非虎非豹，所获霸王之辅"。文王大喜，高兴而归，立姜为军师。文王以大德著称，姜子牙以大贤闻名，"文王访贤"寓为"德贤兼备"。中枋这三幅雕刻的外框前方刻有方柱，柱子间有栏杆和走廊，好似空中楼阁，刀工细腻，纹理清晰，古雅秀丽。下枋横匾三个圆形"寿"字，排列井然。"寿"字周围，淡灰色水磨青砖上刻有展翅飞翔的蝙蝠和空中飘扬的一簇一簇的云朵。"蝙蝠"两字中"蝠"与"福"同音，象征"福"。"寿"即长寿吉祥。"福"和"寿"是人类的普遍要求。整个门楼上"福"、"禄"、"寿"三星图案韵致隽永。福为五福临门，禄为高官厚禄，寿为长命百岁，寓意为三星高照，洪福齐天，寿与天高，万年永昌。

门楼上的砖雕是用凿子和刨子在质地细腻的青砖上，运用平雕、浮雕、镂雕和透空雕等砖雕艺术手法雕凿而成的，历史人物栩栩如生，飞禽走兽和花卉图案形象逼真。这些砖雕图案以特有的风格丰富了景点的传统文化内涵。雕刻艺术的神韵和历史故事的风韵，二者相互渗透，庄重而古雅，闪烁着吴地文化和民间艺术的灿烂光芒。这细腻天成的砖雕门楼，不愧为传统砖雕艺术中的精品。

3. 引静桥

姑苏园林之美，名满江南。拙政园之舒旷，沧浪亭之朴雅，留园之秀媚，怡园之工丽，风情万种，妙不可言。而网师园作为姑苏园林中的小园经典，其美妙高超之处则在于精巧清俊，气新韵奇，于咫尺之地营造出一番山水真趣。常在一花一木、一亭一榭的培植与构架中，包含了大文章。园内之引静桥便是一例（见图6-40）。

小桥在彩霞池（见图6-38）东南水湾处，呈弓形，全部采用金山石造就。体态小巧，长才2.4米，宽不足1米，游人至此，三步而逾，故俗称之为"三步小拱桥"。麻雀虽小，五脏俱全。引静桥石栏、石级、拱洞一应俱全，是一座地道的袖珍小桥。桥顶还刻有一牡丹形浮雕，线条柔和，花形秀美，

图6-40 网师园之引静桥

可以让人欣赏把玩。引静桥下是一条溪涧，自南蜿蜒而来。两岸用写意法叠成陡崖岩岸，藤葛蔓蔓，涧水幽碧，虽涧宽仅尺余，但似深不可测。拨开桥南侧累累而垂的络石藤枝叶，则看到涧壁上刻有"槃涧"两个大字（相传为宋代旧物）。再溯流而上，则有一小巧的水闸立于涧流上游，岸边立有一石，上书"待潮"。桥名"引静"，涧称"槃涧"，闸赋之曰"待潮"，三者俱体现了园主的优雅情趣。

引静桥飞跨槃涧，使彩霞池东、南两面景物因之浑然成为一体。游人经桥向东而行，可沿高墙至射鸭廊、竹外一枝轩；向西而游，则见云冈假山山势脉脉，濯缨水阁清风徐徐。一桥引渡于此，不仅方便了游客，而且使园内增添了一个玩赏的立足点。人们藉桥而北眺，古柏苍然，小轩寂寂，宛然入于图画之中。并且，由于四时气候之不同，则可赏之景亦呈千变万化之状。微雨轻飘之时，则见花湿楼隐，一片迷蒙景色；暖阳缓照之际，则有碧波青荷，的确是爽心之景；夏日黄昏，夕照下满池遍洒碎金；冬季雪后，一园尽着粉装。诸种佳致，可立于一桥而尽览。

如网师园这样的文人园林，其神趣主在"写意"，以极小的空间映出极大的山水意境。在造桥上，一般都采用平板曲桥，三四折浮水而架，以显水面阔大之感。小型园林绝少使用拱桥。而网师园中的引静桥一反传统而行之，优美的小拱桥与幽邃的窄涧、雅致的低闸构于一处，相得益彰，互不见其小。而广约半亩的中心水面彩霞池则与这"不见其小而实小"的小桥深涧形成对比，加上池周围驳岸低砌，水湾、暗洞虚设，映衬得彩霞池烟波浩淼，水势迷漫，非复旧时半亩气势矣！桥南之槃涧与此相映更添了几分深远幽长之意，仿佛真正野涧在此。一桥隔水，竟生如此妙境！

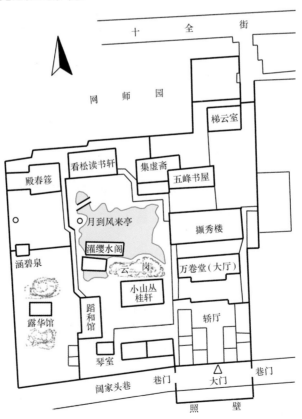

图 6-41　网师园平面图

然而，引静桥构思之佳尚不止于此。这座凌空横架于彩霞池与樊涧交界外的小桥，不仅隔成了园中水体的大小比照，而且它与西向而去、直至濯缨水阁的石面小径连成一线，使这一线南北更形成了山与水、动与静、明与暗等多种对比，恰如小桥两侧雕刻的 12 枚太极图案所蕴含的阴阳互生之义那样，使园景相互辉映，互增雅致，大大地丰富了园内这一角甚至网师园整个中部园区的构筑层次和审美深度。

先看山、水之比。引静桥与西向小径一线之南，是山石嶙峋、松柏横斜的云冈，山中小道崎岖如羊肠，壁峭洞高，俨然一派高山巨脉气度；水桥之北则波际无垠，水涯漫漫。池背山而凿，山临水而叠，水以山衬而益广，山以水映而更高。若无小桥，则山迫水面，景物局促，韵味大减！

再说动、静之别。桥北是洋洋清波，一派浩然静态，但鱼喁蝶戏，芰荷摇于微风，一副生机盎然的形态，静中有动；桥南则虽溪涧幽邃无声，云冈默伏未动，一派安谧和谐的氛围，可能觉得涧流奔冲有势，水流湍急骤泻，可谓动中有静。

再看明、暗之分。桥北彩霞池天光云影，竹外一枝轩明窗敞室，是为向阳之美处；桥南则小山丛桂轩内桂影婆娑满堂，粉壁下藤蔓铺延一径，真乃背阴之妙境。一桥之设，则动静、明暗截然而分，游人步随路转，行至桥上，南顾为一种风景，北看则是另一种风情。品赏玩味之余，心中不能不赞叹连连：“妙哉，引静桥！美哉，网师园！”

每到夜晚，小巧玲珑的网师园内，淡黄的轮廓灯和大红的宫灯勾勒着临水而建的亭台楼阁，处处显示出江南宅园的高雅风范。富有浓厚的地方色彩和身穿古戏装的评弹、昆剧、笛萧、古筝、民歌民曲、民族舞蹈等演员，在各厅、堂、斋、阁为游人表演，形成一个厅堂一出戏，游客移步换戏的美妙场面。

四、狮子林

狮子林（见图 6 - 42）与拙政园、留园、沧浪亭共称为苏州四大名园，它位于苏州市园

图 6 - 42 狮子林之曲桥

林路，始建于元代（公元1350年前后）。狮子林原址，宋时为贵家别业。元代至正二年（公元1342年）天如禅师维则的弟子相率出资，在吴中"买地结屋，以居其师"，遂成园林。中多奇石，有含晖、吐月、玄玉、昂霄诸峰，最高者为狮子峰，因维则之师中峰禅师倡道于天目山狮子岩，又取佛经中佛陀说法称"狮子吼"，其座称"狮子座"之意，名为"狮子林"，亦名"狮子寺"。至正十二年曾易名"菩提正宗寺"。

明洪武年间，释如海居此。洪武六年（公元1373年）名画家倪云林过狮子林，应如海之邀作《狮子林图》，此图现存台湾。次年，如海又邀蜀山徐贲绘《狮林十二景图》。狮子林名声大噪，一时成为吴中文人赋诗作画胜地。嘉靖时，寺僧散去，园被豪家所占，后渐荒芜。万历年间，知县江盈科访求故地，重修该园，高僧明性又持钵化缘，重建佛殿、经阁、山门，复为"圣恩寺"。后再度废为民居。清顺治五年（公元1648年）重修。康熙四十二年（公元1703年），玄烨南巡，游狮子林，题赐"狮子寺"额。乾隆初，寺园分隔，园属黄氏，名"涉园"，因园中有合抱古松五株，又名"五松园"。乾隆帝弘历屡游狮子林，并在倪云林《狮子林图》上题有"一树一峰入画意，几湾几曲远尘心"的诗句，又下旨按园中景物和图中画意仿造于北京圆明园之长春园和承德避暑山庄。咸丰以后，园渐衰落。1917年，富商贝润生以9 900银元购得此园，大举修缮，建筑几近重建。因增置颇多，又参以西洋手法，贝氏之园比之倪图旧貌已相异甚巨。然楼台之宏丽，陈设之精美，被誉为民国时苏州各园之冠。日伪时期，曾为"贵宾馆"。抗战胜利后，国民党军队曾驻此。

1952年，市文物管理委员会驻狮子林东侧贝氏祠堂办公。同年，贝氏后人将该园献给国家。经整修，于1954年2月正式开放。

园的整个布局以东西横向的水池为全园中心，池的东、西、南三面都叠石堆山，山上峰峦起伏，山下洞壑宛转，间以溪谷，古木交柯，绿树掩映。园以叠山取胜，奇峰林立。其中

图6-43　狮子林之假山图一

有含晖、吐月、玄玉、昂霄等峰，而又以狮子峰为最（见图6－44）。

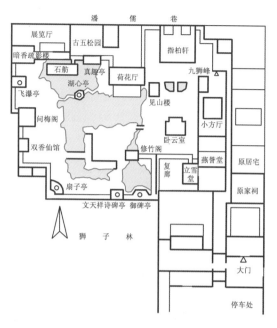

图6－44　狮子林平面图

园东有三院二厅的一组建筑，即鸳鸯厅、燕誉堂和其后的小方厅，原是园主宴客所在，西侧前有立雪堂，堂侧有洞门可登假山，山间建有卧云室、修竹阁，山北为二层建筑揖峰指柏轩，轩砌石桥横架于溪上，跨桥便登假山北部。

苏州狮子林不大，但其叠山理水的艺术处理较佳（见图6－43、图6－45），那飞瀑亭的

图6－45　狮子林之假山图二

瀑布，分成三段跌落，依崖壁泻下或临空直下，犹如岩崖峭壁上飘下一层薄如蝉翼的水纱，声如激流澎湃，状若万马奔腾。一流清水运转注入荷池，其上又架以石板桥，桥上行人，仿佛置身于山谷间。这景色俨如缩小了的自然式瀑布，人工为之，妙极自然。特别是池上架桥的处理办法，可使水面空间相互贯通，似分非分，增加空间层次，又有倒影效果。

桥面临水（见图6-42），既便于观赏游鳞莲藻，又使人感到水面宽阔。池岸叠石参错，池中莲荷高下，水面亭楼倒影，池边绿树拂波，附近又有假山、岩壁，烘托出了飞瀑山势的峥嵘。

园北部以园林建筑为主，有真趣亭、暗香疏影楼、石舫等，全园廊庑周接，随地势起伏变化，高下错落，曲折多变（见图6-46，图6-47）。

图6-46 狮子林之框景

图6-47 狮子林之景窗

五、环秀山庄

环秀山庄位于苏州景德路，宋时为景德寺，清乾隆时建为私家园林。它的特点是以山为主，辅以池水。此山为清乾隆时叠山名家戈裕良所建，能逼真地模拟自然山水，在一亩左右的有限空间，山体仅占半亩，却构出了谷溪、石梁、悬崖、绝壁、洞室、幽径，还建有补秋舫、问泉亭等园林建筑。以质朴、自然、幽静的山水，来体现委婉含蓄的诗情，通过合理安排山石、树木、水体，体现深远与层次多变的画意（见图6-48）。

全园布局（见图6-51）以池东为主山，使人有在一畴平川之内，忽地一峰突起，耸峙于原野之上的感觉。山虽不高，却如巨石磅礴，很有气派。主山分前后两部分，其间有幽谷，前山全用叠石构成，外形峭壁峰峦，内构为洞，后山临池水部分为湖石石壁，与前山之间留有仅一米左右的距离内，构成洞谷，谷高五米左右。一山二峰，巍然矗立，其形给人有悬崖峭壁之感。其间植以花草树木，备觉幽深自然。山脚止于池边，犹如高山山麓断谷截溪，气势雄奇峭拔。构置于西南部的主山峰，有几个低峰衬托，左右峡谷架以石梁。站在石梁仰望，仰则青天一线，俯则清流几曲，形成活泼生动的园林艺术空间效果。

池在园之西、南，盘曲如带，又有水谷二道深入南、北假山中，蜿蜒深邃，益增变化。水上架曲桥飞梁，以为交通。北面之补秋舫（见图6-49），前临山池，后依小院，附近浓荫蔽日，峰石嵯峨，是为园中幽静所在。

环秀山庄凿池引水，富有情趣，使得山有脉，水有源，山分水，又以水分山，水绕山转，山因水活，咫尺园景富有生机（见图6-50）。

图6-48　环秀山庄

图6-49　环秀山庄之补秋舫

图6-50　环秀山庄之水景

六、沧浪亭

沧浪亭（见图6-52～图6-56）位于苏州城南，是苏州历史最悠久的古典园林，始建于北宋，为文人苏舜钦的私人花园，因感其原址高爽静僻，野水萦洄，遂以四万钱购得，始在水旁筑亭，取"沧浪之水清兮，可以濯我缨；沧浪之水浊兮，可以濯我足"之意，名曰"沧浪亭"。南宋绍兴初年，沧浪亭为抗金名将韩世忠所得，改名"韩园"。韩氏在两山之间筑桥，取名"飞虹"，山上有连理木、寒光堂、冷风亭、运堂，水边筑濯缨亭，又有梅亭

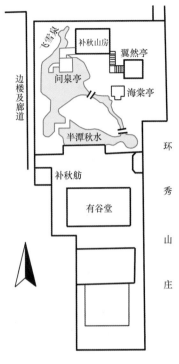

图 6-51 环秀山庄平面图

"瑶华境界"、竹亭"翠玲珑"、桂亭"清香馆"诸胜，庆元年间犹存。元代，沧浪亭废为僧舍。僧宗敬在沧浪亭旧址建妙隐庵，至正年间，僧善庆在其东侧建大云庵，又名结草庵，为南禅集云寺别院。明洪武二十四年（公元1391年），宝昙和尚居南禅集云寺，将妙隐、大云两庵并入。嘉靖十三年（1534年）知府胡缵宗将妙隐庵改为韩蕲王祠。二十五年，结草庵僧文瑛复建沧浪亭。

清康熙中，巡抚王新命于此建苏公祠，三十四年（公元1695年）巡抚宋荦再建沧浪亭。乾隆南巡曾驻跸于此，亭南曾筑有拱门和御道。道光八年（公元1828年），巡抚陶澍于亭西南建"五百名贤祠"。太平天国战争时，亭遭毁。同治十二年（公元1873年）巡抚张树声、布政使应宝时重修沧浪亭，并在亭南增建"明道堂"。堂后折西为五百名贤祠，祠南为翠玲珑。亭北为面水轩、静吟亭、藕花水榭。还有闻妙香室、见心书屋、印心石屋、看山楼、仰止亭等。

光绪初，园中犹有僧居。光绪末，被洋务局等借用。民国初，一度借设修志局。苏州沦陷时，日军占据此园，毁坏严重。1954年由苏州市园林管理处接管整修，1955年正式开放。1963年沧浪亭被列为江苏省重点文物保护单位。

图 6-52 沧浪亭入口处

沧浪亭面积约16.5亩，是苏州古典大型园林之一，具有宋代造园风格，是写意山水园的范例。沧浪亭古朴幽静，在苏州诸园中别具一格。苏州园林大都以高墙四围，自成丘壑。沧浪亭则外临清池，一泓清水绕园而过，河流自西向东，绕园而出，流经园的一半。此种布局融园内外景于一体，借助"积水弥数十亩"的水面，扩大了空间，造成深远空灵的感觉。沿水傍岸装点曲栏回廊，布置假山古树，临水山石嶙峋，其后山林隐现，苍蔚朦胧，仿佛后山余脉绵延远去，体现出该园苍凉郁深、古朴清旷的独特风格。沧浪亭的内部，以一座土石

图6-53　沧浪亭园外水景

结合的假山为主体，建筑环山随地形高低布置，绕以走廊，配以亭榭。山体东西隆然而卧，用黄石抱土构筑，是土多石少的陆山，山上石径盘回，林木森郁，道旁箸竹被覆，景色自然，具有真山野林之趣。山顶，有小亭一座，名"沧浪亭"，亭为四方形，结构古雅，与整个园林山野气氛极为协调。亭旁大树数株，均为百年之物。亭柱上镌刻对联："清风明月本无价，近水远山皆有情"，是后人集欧阳修与苏舜钦的诗句所得。隔水远望，亭檐飞出于复廊之脊上，高逸遁远突兀，高逸遁世之意油然而生。在假山与池水之间，隔着一条向内凹曲的复廊，北临水溪，南傍假山，曲折上下。廊壁置漏窗多扇，透过漏窗花格，沟通了内山外水，也使一湾清流与假山远峰映照交融，特具苍古自然之美。沧浪亭的漏窗式样颇多，无一雷同，分布在国内各条走廊上。花纹图案变化多端，含蓄精巧，使园内园外似隔非隔，苍山碧水欲断还连，造成面面成景，处处有情。沧浪亭的廊迤逦高下，把山林池沼、亭堂轩馆等联成一体，既是理想的观赏路线，又是连接各主要风景点的纽带和导游线。

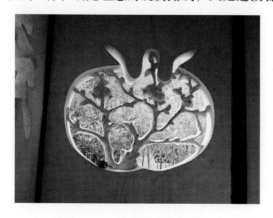

图6-54　沧浪亭之漏窗图一

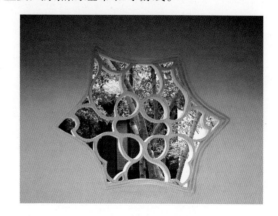

图6-55　沧浪亭之漏窗图二

　　复廊西，有一座四面厅，名面水轩。长窗落地，傍水而筑，作为复廊衔接的转折和收头。轩的北面，假山壁立，下临清池；轩的前面接近沧浪亭，古木掩映，是品茗赏景的绝好地方。复廊东面尽头，为一座三面临水的方亭，建于水边石台上，名"观鱼处"，原名"濠上观"，俗称"钓鱼台"，取"庄子与惠子观鱼于濠梁之上"之意。水亭位于北部水面最空阔处，介于山崖水际之间，两侧景观对比强烈，不着一字尽得风流。明道堂是园中最主要的建筑，面阔三间，为文人讲学之所，在假山古木掩映下，显示出庄严静穆的气氛。

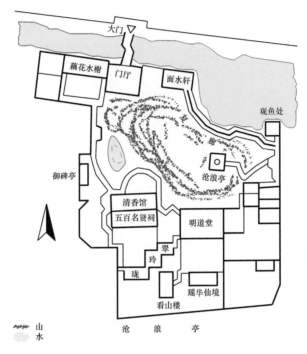

图 6 – 56　沧浪亭平面图

　　见山楼位于园林最南端，建于假山洞屋之上。上下两层，飞檐翘角，砖砌坐槛上嵌有梅花形花墙洞，高旷清爽，结构精巧，为一座别致的楼台。五百先贤祠面宽五间，当中三间为堂。东、西两间为侧室。祠内壁上嵌有 594 方历代人物平雕石刻像，形成一处蔚为大观的肖像画廊，堪称姑苏一绝。

　　"一径抱幽山，居然城市间。高轩面曲水，修竹慰愁颜"。品赏沧浪亭，四时景观皆有佳致。春坐翠玲珑赏竹，夏卧藕花小榭观荷，秋居清香馆闻桂，冬至闻妙香室探梅。更有假山、花墙、碑石三胜，为古园凭添了无限的魅力。

　　七、艺圃

　　艺圃始建于明代，为袁祖庚所筑，初名"醉颖堂"。当时"地广十亩，屋宇绝少，荒烟废沼，疏柳杂木"。后归文徵明曾孙文震孟，有世纶堂、青瑶屿、生云墅、石经堂、五狮峰等。因园中遍种药草，改名"药圃"。文卒后，园渐废。明末清初归姜采所有，改为"敬亭山房"，其子姜实节更名"艺圃"。画家王翚绘有《艺圃图》传世。此后，园主屡易。道光初年为吴氏所得，曾予修葺。道光十九年（公元 1839 年）归绸业同人，改名"七襄公所"，增建"思敬堂"。池内千瓣重台白莲为苏城莲花之冠。抗日战争时期，一度为日伪占用，亭

94

榭坍圮，莲花憔损。抗战胜利后为青树中学借用。1950 年市工商联第五办事处设此。1956 年苏昆剧团入驻。1959 年起由越剧团、沪剧团、桃花坞木刻年画社、民间工艺社相继使用。"文化大革命"中，艺圃破坏严重，水榭坍塌，湖石被毁，水池被填，莲花绝种。1982 年苏州市市政府决定修园，1984 年 9 月竣工，国庆节正式开放游览。园林面积不大，但布置别致。园的布局以水池为中心，周围布以建筑、山石、花木（见图 6 - 57、图 6 - 58）。北面以建筑为主，构成了一首"闲适古诗"，幽静的环境令人神往。南面以山景为主，而主要的观赏点是池北厅堂前的水谢（有一座明代四角亭，弥足珍贵）（见图 6 - 59），人于树内南望，尽收园内。山水之美，比较开朗自然，也很有自然山林之感。

图 6 - 57 艺圃之水景图一

园内除了环绕水池所形成的主要景区外，还有若干小的景点。西南角围墙以内是一处比较幽静的封闭性小院落，可经由月洞门而入。在南面假山背后，也有一些小空间，具有山色风光。

园的观赏路线以环池一周为主，另设一些辅助路线。西面一段有游廊，连接两处主要建筑物。园的大门在东部，进门如一普通旧宅院，入园需经一段曲折而修长的巷子，步入内园豁然开朗，这在空间上造成与园景的对比，这是江南园林中惯用的手法。

艺圃的水池处理以聚为主，仅略分小水湾与东南及西南二角。由于聚多分少，因此使人感到相当开阔，而东南、西南的水面，增加了水面有延展不尽之意。水上又架设了低平曲折的石桥，以此衬托池水大，山石高，是成功的对比与衬托手法。

八、寄畅园

寄畅园位于无锡西郊惠山脚下，初建于明代正德年间，是明朝户部尚书秦金的别墅，明隆庆年间改为现名。清咸丰十年（公元 1860 年）园毁，现在园内建筑都是后来重建的，但池沼假山，古木碑石，回廊亭榭都还是旧时的风貌。

图6-58　艺圃之水景图二

图6-59　艺圃之乳鱼亭

　　寄畅园西靠惠山，东南是锡山，园的总体布局抓住这个优越的自然条件，以水面为中心，西、北为假山接惠山余脉，势若相连。东为亭榭曲廊，相互对映。园的面积虽不大，但近以惠山为背景，远以东南方锡山龙光塔为借景，近览如深山大泽，远眺山林隐约。山外山，楼外楼，空间序列无穷尽。

园内池水、假山就是引惠山的泉水和开采山中的黄石做成，是惠山的自然延伸，这更是得天独厚了。所以，此园在借景、选址上都相当成功，处理简洁而效果丰富，水平甚高，为江南名园之一。

寄畅园的水池和山的处理也很成功。水面南北纵深，池岸中部凸出鹤步滩，上植大树两株，与鹤步滩相对处凸出知鱼槛亭，划分水面为二，若断若续。池北又有平桥，似隔还通，层次丰富。山的轮廓有起伏、有主次。其中部较高，以土为主，两侧较矮，以石为主，土石间栽植藤蔓和树木，配合自然。山虽不高，而山上高大的树木却助长了它的气势。假山间为山涧，引惠山泉水入园，水流婉转跌落，泉声入耳，空谷回响，如八音齐奏，称八音涧，与"天下第二泉"相连。

在观赏路线的组织中，也运用江南园林常用的空间疏密相间手法。从现在西南角的园门入园后，是两个相套的小庭院，走出厅堂，视线豁然开朗，一片山林景色。在到达开阔的水池前，又都必须经过山间曲折的小路、谷道和洞道。这种不断分割空间、交换景色的处理手法，造成了对比效果，使人感到园内景色生动和丰富多彩，从而不觉得园小。

风谷行窝是从惠山寺日月池畔入园的第一个建筑。门前有全国文物保护单位石碑，入室为古朴门厅三间，正中悬"风谷行窝"一额，系朱屺瞻所书。两侧抱柱一联，系取翁同和旧句，高石农书，联云："杂树垂荫，云淡烟轻；风泽清畅，气爽节和。"

厅堂两侧门楣上有砖刻，东为"侵云"，可见龙光塔高耸入云；西为"碍月"，可观惠山之高峰掩月。碍月门旁，前有石砌小池，池边湖石玲珑，四周回廊复合，形成寄畅园园中之园。临池有厅屋三间，为秉礼堂，匾额系无锡仲许所书。循廊向前，有含贞斋三间，原是读书处。四周多植古松，曾有"盘恒抚古松，千载怀渊明"之吟。斋内有钱南周撰、王汝霖书的一联："池含林采明于缬；山贻台华媚若钿。"

邻梵阁，位于惠山寺侧，寄畅园二十景之一，1980年重建。"邻梵阁"横匾为南京尉天池所书，登临此阁，下有池水一泓，惠山寺的全景也被借入园中。

美人石位于寄畅园东南角（见图6-60）。邻梵阁往东，有一小亭，旁有百年巨樟，绿荫垂地，亭中一碑，镌刻有乾隆御笔题诗和作画"介如峰图"。亭前一池，呈长方形，水平如镜。池东立一湖石，倚墙而立，颇如婷婷美人，对镜理妆，妩媚有姿，故湖石名"美人石"，池名"镜池"。1747

图6-60　寄畅园之美人石

年乾隆第二次南巡至此，看到美人石，改称"介如峰"。

锦汇漪位于寄畅园的中心，它因汇集园内绚丽的绵绣景点而得名。寄畅园的景色，围绕着一泓池水展开，山影、塔影、亭影、榭影、树影、花影、鸟影，尽汇池中。池北土山，乔柯灌木，与惠山山峰连成一气；而在嘉树堂向东看，又见"山池塔影"，将锡山龙光塔借入园中，成为借景的楷模。

郁盘亭在锦汇漪东南角。小亭六角，中悬"郁盘"匾。它是从唐朝王维《辋川园图》中"岩岫盘郁，云水飞动"之句得名。亭中有古朴的青石园台一座，配以四个石鼓墩，据考为明代秦家遗物。传说乾隆召惠山寺僧人至此下棋，和尚棋艺非凡，杀得乾隆手足无措，僧人当即虚晃一枪，把棋让给乾隆。乾隆虽胜，自知望尘莫及，心中郁郁不乐，便下旨将此亭改为"郁盘"。

郁盘亭和秉礼堂、邻梵阁一带，嵌有《寄畅园法帖》碑 200 方，全帖 12 册，前 6 册选择秦氏家藏御赐唐宋间名帖，后 6 册是秦氏家藏自宋至清名家墨宝。

知鱼槛位于锦汇漪中心，突出池中，三面环水，方亭翼然（见图 6 - 61）。槛名出自《庄子·秋水》"安知我不知鱼之乐"之句。园主在诗中写道："槛外秋水足，策策复堂堂；焉知我非鱼，此乐思蒙庄。"知鱼槛一额，现为张辛稼所书。

砖雕门楼和七星桥砖雕门楼，位于知鱼槛西北，为仿明建筑。门楼正中有砖刻"寄畅园"三字，背刻马羊虎犬寓忠孝节义。门头紧接"清响"月洞门，小石狮嬉笑迎宾。前以假山作屏，可透过假山看真山，山在园中，还是园在山中？展示出借景之妙。

七星桥，横跨在锦汇漪上，由七块黄石板直铺而成，平卧波面，几与水平，乾隆曾吟有

图 6 - 61　寄畅园之知鱼槛

"一桥飞架琉璃上"之句。过桥，就是嘉树堂，古屋三间，堂旁有廊桥，通涵碧亭，亭四方架于水上。

八音洞，原为悬淙洞，又名三叠泉。全用黄石堆砌而成。西高东低，总长 36 米。洞中石路迂回，上有茂林，下流清泉。涓涓流水，则巧引二泉水伏流入园，经曲潭轻泻，顿生"金石丝竹匏土革木"八音。八音洞上，1981 年复建原有的"梅亭"一座，黑瓦粉墙，金山石柱，典雅大方。

含贞斋，曾经是寄畅园第三代园主秦耀的书斋。含贞斋的对面是九狮台。九狮台，又名九狮图石，是用湖石叠成的大型假山，高数丈，突兀峻峭。置有若干狮形湖石，而整座假山又构成一只巨大的雄狮，俯伏于青翠欲滴的绿树丛中。细细揣摩，可看出大小不一、姿态各异的狮子来，静中寓动，妙趣横生。

秉礼堂是寄畅园中的园中园，这组庭园面积不足一亩，却有整洁精雅的厅堂、碑廊，又有自然得体的水池、花木和太湖石峰，无论从哪个角度看都是一幅美丽的图画，使你尽情享受中国造园艺术的异趣神韵。

寄畅园园景布局以山池为中心，假山依惠山东麓山脉作余脉状；又构曲涧，引"二泉"水流注其中，潺潺有声。园内大树参天，竹影婆娑，苍凉廓落，古朴清幽，经巧妙的借景，高超的叠石，精美的山水，洗练的建筑，在江南园林中别具一格，属山麓别墅园林。1988年国务院公布其为全国重点文物保护单位。

该园原作为别墅之用，所以建筑物所占的比重较少，以山水为主。建筑的布置上，以秉礼堂处较好。一个不大的庭院分隔成数个空间，它们之间主次分明又互相流通。在视线上则增加了层次，扩大了空间。庭院内的走廊、小水池、石峰和花木则更显得生动活泼。但从秉礼堂向东、西、北三面看，由于墙上漏窗的位置较高，只隐约见到园内景色，略显封闭。

寄畅园的一些布置手法，特别是在模仿自然情趣上所达到的效果是很好的。但园的布置也存在一些缺点，园东南角处过于开敞、单调，与园内的整个气氛不谐调，园内建筑不够精巧，彼此之间也比较缺乏联系。

九、上海豫园

上海豫园原为明代潘允端以"愉悦老亲"，为其父所建，取名豫园，是上海著名园林之一。豫园建于明朝嘉靖、隆庆、万历年间（公元 1559～1577 年），占地二公顷左右，设计精巧，布局疏密得当，具有小中见大的特点，融合了明清两代南方园林建筑艺术风格，曾被誉为"奇秀甲于东南"的古园林。今日豫园约有 48 个风景点，由五条龙墙把它们分割成六个不同景区，各有特色。

豫园的造园艺术尤以园林空间虚实对比的处理手法为佳。它的入口处是一座朴实无华的大门，进入园内，过三穗堂，便是仰山堂、卷雨楼。在仰山堂可凭栏仰视北部那高约 12 米的黄石假山山景，这就是明代园林建筑第一高手上海张南阳精心设计的遗作，至今保存完好，名扬海内外。卷雨楼北临池水，这池水既是造景的重要部分，又起到分割空间的作用。视线无阻却又被大池相隔，这可以说是有虚有实了。

池之东有一条游赏路线，以游廊相连，廊中有方亭一座，又有"渐入佳境"匾额（见图 6－62）。在游廊中可欣赏大水池周围形貌苍古的自然景物，但又与中部园景相隔，不是一览无余，而是有虚有实。游廊左侧又有高三米左右的石峰，起到障景和增加空间层次的作用。廊的尽端正面墙壁上有"峰回路转"的石刻，在这里既可去大假山，又可通中部园景，透转分开，通前达后，曲折深奥，渐入幻境。在假山山麓有挹秀亭，在挹秀亭中既可窥见大假山和池面荷花的秀丽景色，又不让你见似真似假的大假山全貌，一虚一实的造园手法，运用得极妙。

图 6-62　豫园

仰山堂前的池水分流两支，使山景有溪流纵横之感。一支向西入山间，深奥莫测，一支向东过水榭绕"万花楼"下。清流狭长，而其上隔以花墙，流水复自月门中穿过，望去有深远不知其终之感，有虚有实。更为引人之处是用清流与复廊联系，中有一道漏窗的墙，把景物分隔成两个境界，南面是流水山石，北面是厅堂过道。游人步入廊内，左顾右盼，彼此衬托，充实情趣，顿觉空间扩大，层次加多，有虚有实，咫尺之地，有极妙的安排。

万花楼东是以点春堂为中心的建筑群。点春堂是 1853 年上海小刀会起义的指挥所，为上海人民革命斗争的遗址之一。堂前有打唱台，堂东倚墙叠山筑屋，下有小溪石洞。山巅的快楼形体轻巧玲珑。出点春门楼，就是豫园东部胜景，会景楼风景区展现在眼前。明代风格的长廊"点春廊"引你穿过翠竹，会景楼与九狮轩隔水相望，傍水的九狮轩水榭，静卧在青石古树之中。

玉玲珑、玉华堂、积玉峰、积玉廊是玉玲珑风景区的精华，天工奇石玉玲珑，据说为宋徽宗花石纲的遗物，实乃石中异宝。积玉峰置于积玉廊上，与玉玲珑、玉华堂似形成"三足鼎立"之势，又得碧水相衬，真可谓交相辉映。

积玉廊北尽头新堆砌了一座假山，山道曲折盘桓，山洞幽致别趣，洞中套洞，错综相交，路中盘路，起伏相间，且有洞流，聚而成泉，顺悬崖直下，绕山道，过石室，随廊而去……（见图 6-63）。粉墙围住得月楼，得月楼为之俏丽，而会景楼和玉玲珑两风景区又被巧妙隔开，墙间洞开一门，"玉玲珑"正好映在洞门之中。人随曲桥引，石在洞中游，恍惚之中有一种朦胧美。

整个东部占地7亩，水池就占了60%，使东部景致倒映在碧波水池中，虚实相间，相映成趣。内园原为邑庙后花园，占地二亩，以"晴雪堂"为主体。堂东有溪流与廊、亭、花墙组成庭院。厅前叠山，山后建楼，参差错落，间种古木，植物繁茂，花草树木品种丰富。

图6-63　豫园假山、水池

十、个园

在扬州市东关街北有一座个园，清初称"寿芝园"，相传园内叠石出于石涛之手。嘉庆时属两淮盐首黄氏，因种竹多，得名个园。此园以四季叠石假山著称，南为入口，中部有二池。东池以小桥划水域为二，池南桂花厅，面阔三间，单檐歇山，是园中主要建筑，池北有六角亭一处（见图6-66，图6-68）；西池较小，北岸砌有湖石假山，南岸为竹林。园北有长达十一间的二层园林建筑（见图6-64）。

以四季假山闻名的个园，春景在桂花厅南的近入口处，沿花墙布置石笋，似春竹出土，又竹林呼应，增加了春天的气息（见图6-65）。夏景在园的西北，湖面假山临池，洞谷幽邃，秀木紫荫，水声潺潺，清幽无比。秋景是黄石假山，拔地数仞，悬崖峭壁，洞中设置登道，盘旋而上，步移景变，引人入胜。山顶置亭，形成全园的最高景点。

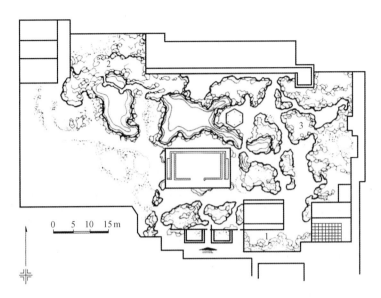

图 6 - 64　个园平面图

图 6 - 65　个园竹景

图 6 - 66　个园六角亭

图 6 - 67　个园春景

图 6 - 68　个园秋景

冬季假山在东南小庭院中，倚墙叠置色洁白、体浑圆的宣石（雪石），犹如白雪皑皑未消，又在南墙上开四行圆孔，利用狭巷高墙的气流变化所产生的北风呼啸的效果，成为冬天大风雪的气氛。而就在小庭院的西墙上又开一圆洞空窗，可以看到春山景处的翠竹、茶花，又如严冬已过，美好的春天已经来临。这种构思设想的园林空间变化的艺术极具新意。

十一、金陵第一园——瞻园

瞻园是南京现存历史最悠久的一座园林，已逾600年。明初，朱元璋因念功臣徐达"未有宁居"，特给中山王徐达建成了这所府邸花园。清代乾隆皇帝南巡时，题书"瞻园"二字。1853年太平天国定都南京后，瞻园先后为东王杨秀清和夏官丞相赖汉英的王府花园，后毁于兵火。1960年修复后的瞻园分东部和西部两景区，园内还有两块宋代奇石——仙人峰、倚云峰，相传是宋代花石纲的遗物。园内的主题建筑是静妙堂，它一面建在水上，宛如水榭。该堂把全园分成两部分，南小而北大，北

图6-69　瞻园石景

寂而南喧，南北各建一假山和水池，以溪水相连，有聚有分，水居山前，隔水望山，相映成趣。瞻园又以石取胜（见图6-69），造景效果与实用功能巧妙结合，"妙境静观殊有味，良游重继又何年"。

图6-70　瞻园廊景

瞻园素以假山著称，全园面积仅8亩，假山就占了3.7亩。回廊也颇具特色，串连南北，蜿蜒曲折（见图6-70）。进园门后，透过漏窗便隐约可见一座奇秀的石峰"仙人峰"。瞻园位于南京市瞻园路208号，又称太平天国历史博物馆。从夫子庙向西步行七八分钟即到。该园分东西两个部分，大门在东半部，大门对面有照壁，照壁前是一块太平天国起义浮雕。大门上悬一大匾书"金陵第一园"，字系赵朴初所题。进门正中是一尊洪秀全半身铜像，院中两边排列着当年太平天国用过的大炮20门。进大厅上有郭沫若题写的"太平天国历史陈列"匾额，主要陈列文物有天父上帝玉玺、天王皇袍、忠王金冠、大旗、宝剑、石槽等300多件，总陈列面积约1200平方米。该馆现已收集到太平天国文物1600余件，其中有42件一级文物，这是东半部。西半部是一座典型的江南园林，园内古建筑有一览阁、花篮厅、致爽轩、迎翠轩及曲折环绕的回廊，这些建筑和回廊把整个瞻园分成5个小庭院和一个主园。静妙堂（见图6-71）位

于主园中部，三面环水，一面依陆，堂之南北各有一座假山，水是相通的，西边假山上还有岁寒亭一座。园虽不大，却颇具特色，是江南名园之一。

十二、苏州耦园

图 6-71　静妙堂

耦园位于苏州市内仓街小新巷，原为清初陆锦涉园。清初，保宁知府陆锦致仕归里后于此始构涉园，一名"小郁林"。后一度由书法家郭凤梁赁居。继为崇明祝氏别墅。同治十三年左右，归按察使湖州沈秉成，聘画家顾沄主持，重修扩建如今。全园布局，颇为得法。黄石假山作为全园主题，堆叠自然，位置恰当，陡峭峻拔，气象雄浑，为苏州园林黄石假山中较为成功的一座。实为值得游赏流连的去处。此园因在住宅东西两侧各有一园，故名耦园。古时两人耕种为"耦"，"耦"、"偶"相通，寓有夫妇归田隐居之意。东园面积约 4 亩，以山为主，以池为辅，重点突出，配搭得当。主体建筑坐北朝南，为一组重檐楼厅。这在苏州园林中较为少见（见图 6-72）。其东南角有小院三处，重楼复道，总称"城曲草堂"。西园面积更小，以书斋及织老屋为中心，前有月台，宽敞明亮，后有小院，幽雅清秀（见图 6-73），隔山石树木又建书楼一座。其南亦有一院，为不规则形状，西南角设假山，设置花木，间置湖石，显得幽曲有趣。

图 6-72　耦园重檐楼厅

图 6-73　耦园小院

全园主景黄石假山，筑于城曲草堂楼厅之前，石块大小相间，手法逼真自然。假山东半部较大，自厅前石径可通山上东侧的平台及西侧的石室；平台之东，山势增高，转为绝壁，直削而下，临于水池，绝壁东南设磴道，依势下至池边，此处气势为全山最精彩处。假山西半部较小，自东而西逐级降低，坡度渐缓，止于小厅右壁。东西两半部之间有谷道，两侧削壁如悬崖。而绝壁东临水池，假山体量与池面宽度配合适当，空间相称。山上不建亭阁，而于山顶山后铺土之处，散置十余种花木，随风摇曳，平添了山林趣味。而池水随假山向南伸展，曲桥架于水上，池南端有阁跨水而筑，称"山水阁"，隔山与城曲草堂相对，形成以山为主体的优美景区。

十三、嘉定秋霞圃

秋霞圃位于上海嘉定区嘉定镇东大街，是一座具有独特风格的明代园林，由明代龚氏园、沈氏园、金氏园和城隍庙合并而成，为上海五大古典园林之一。秋霞圃始建于正德、嘉靖年间（公元1506～1566年），是当时工部尚书龚宏的私人花园，园内有松风岭、鸟语堤、寒香室、数雨斋、桃花潭、洒雪廊诸胜景。清初龚氏子孙衰微，园归汪姓，始名秋霞圃。清雍正四年（公元1726年）改归城隍庙。乾隆中，与东邻沈氏东院合并，改建为城隍庙后花园。后多次遭破坏，现存建筑多系同治元年（公元1862年）以后重建。园内建筑大多建于明代，而城隍庙则可以上溯至宋代，是上海地区最古老的园林。

图6-74　凝霞阁景区

秋霞圃以清水池塘为中心，石山环绕，古木参天，造园艺术独特，分桃花潭、凝霞阁（见图6-74）、清镜堂、邑庙等四个景区。桃花潭景区的池上草堂，有"一堂静对移时久，胜似西湖十里长"的赞誉。堂南的一副对联："池上春光早，丽日迟迟，天朗气清，惠风和畅；草堂霜气晴，秋风飒飒，水流花放，疏雨相过。"此联将秋霞圃春、秋两季景色描绘得淋漓尽致。凝霞阁景区的"环翠轩"轩西有复廊式"碑廊"，上集明清碑刻17方。从西门入园，院内丛桂轩的四周遍植桂树（见图6-75）；轩南置明代遗物"三星石"，分别取名"福、禄、寿"；园内还有一"涉趣桥"，建于公元1921年。小桥连接曲径北岸，横跨幽泉清溪。如此灵巧古老的园林桥全国罕见，在上海堪称一绝。秋霞圃布局精致，环境幽雅，小巧玲珑，景物与色彩的变化都不大，好像笼罩着一层淡淡的秋意，让人充满着诗情画意的遐想。

图6-75　秋霞圃西门

十四、扬州瘦西湖

"漫说西湖天下瘦，环肥燕瘦各知名。"这是著名书法家林散之的两句名诗，在这里，诗人把体态丰满的唐代贵妃杨玉环，比做杭州的西湖，而把身轻如燕能跳掌上舞的汉成帝皇后赵飞燕，比作另一个湖，那就是扬州的瘦西湖。

"天下西湖三十六，独一无二瘦西湖。"位于扬州西郊的瘦西湖，以其清瘦、秀丽的独特风姿，赢得天下人的赞颂。瘦西湖是隋唐时期由蜀冈山的水与其他水系汇合流入大运河的一段自然河道。清朝初年，杭州诗人汪沆作诗："垂杨不断接残芜，雁齿红桥俨画图。也是销金一锅子，故应唤作瘦西湖。"从此，"瘦西湖"之名被流传至今。从空中望去，瘦西湖的全貌呈英文字母L形，又加上湖边风景秀丽，因此，古人对瘦西湖有"瘦于外部的形态，秀于内在的神韵"的评价。伴随着古扬州城，瘦西湖走过了一千多年的历史。

瘦西湖全长4.3公里，游览面积30多公顷。经过历代的疏浚治理，园林建造逐步形成了集南方之秀与北方之雄于一体的独特风格。

瘦西湖的美，在于它的蜿蜒曲折，古朴多姿。水面时展时收，形态自然动人，犹如嫦娥起舞时抛向人间的一条玉色彩带（见图6-76）。

十里湖光，清澈碧绿，花木扶疏，连绵滴翠，亭台楼榭，错落有致（见图6-77），这些独特的风韵，使瘦西湖成为历朝历代文人墨客赋诗作画的重要场所，同时，也是历代皇帝下江南时巡游休闲的必经之地。扬州的风景名胜，都荟萃于瘦西湖的环抱之中。

瘦西湖自然景观与人文景观完美的结合，确立了它厚重的历史文化名湖地位。"天下西湖三十六"，这西湖的"西"字，一般是相对于城市来说的，即湖泊基本上都在城市的西边，所以就叫做西湖。因为中国的地形，取城市位置的时候，一般都取下风下水，水大多在城市的西边，西边的地势比较高。而在众多的西湖里面，最有名的是杭州的西湖和扬州的瘦西湖（见图6-78）。

历史名城扬州处于长江和淮河之间。公元前486年，吴王夫差在扬州建邗城，开邗沟，这就是古运河的前身，这个地方就是扬州最早的建城址。从这里把长江和淮河沟通，因为它是长江和运河的交汇。扬州的交通位置，决定了它经济的繁荣和重要的战略地位，在以后的历朝历代，扬州基本上都是以一个经济中心、文化中心，有的时候，还作为一个短暂的政治中心而存在的，所以扬州瘦西湖成了一个盐运的集散地。盐的销售带有商品经济的特点，由于盐的存在，产生了一批在扬州的盐商，他们经济上很富裕，生活上很奢侈，同时，他们在文化层次上也有着很高的追求。扬州园林的繁荣，跟当地的盐商有着很大的关系。

图6-76 扬州瘦西湖春景

图6-77 扬州瘦西湖

乾隆皇帝从乾隆十六年（公元1751年）一直到乾隆四十九年（公元1784年），30多年间6次南巡。而6次南巡都在扬州停留，在扬州停留时又要到瘦西湖去。瘦西湖畔的这些盐商，要在皇帝龙舟所经过地方的两边，争奇斗艳地显示自己的"形象工程"。有诗曰："两岸花柳全依水，一路楼台直到山。"他们把商业竞争的意识，引用到了园林的建设和园林的设计上。

图6-78　瘦西湖鸟瞰图

扬州的瘦西湖园林很有特点，它有空间非凡的秩序，沿着一条水，在线形游览过程当中，所有的园林景致都在水的两岸展开，又在统一的风格当中千变万化。同样是小桥流水，但是每个小桥流水不一样；同样是一个楼，而楼阁的形状不一样；同样是一个曲折，曲径通幽，但是，曲径通幽的感觉不一样，景致不会重复。所以扬州的瘦西湖确实具有我们中国园林崇尚山水文化的特点。

瘦西湖透过云雾，朦朦胧胧，别有一番韵味，可谓是袅袅长堤边，青青一树烟。岸上鲜花簇簇，岸边垂柳依依，桃花是粉面，垂柳是青丝。长堤是百媚千娇的少女，每天临水梳妆，于是湖水便有了淡淡的胭脂味。

湖中深入的亭台，原名"吹台"，但人们更喜欢称它为钓鱼台。相传因为乾隆皇帝曾在此垂钓休闲，扬州的大盐商雇来精通水性的渔夫潜入水下，悄悄地把活鱼挂上皇上的鱼钩，赢得皇上的欢心而得名。而钓鱼台最绝妙的一笔是从三个圆孔里向外望，可看到三个不同的景，西门洞五亭桥横卧碧波，南门洞白塔耸立云霄，构成了一幅巧妙别致的画图。成功的造园艺术，使扬州的钓鱼台成了中国园林框景艺术的经典之作。

瘦西湖的二十四桥，不知引发了多少人对它的联想。"二十四桥明月夜，玉人何处教吹箫"古老的二十四桥已不复存在，今天的人们为了重睹二十四桥的风韵，共享古人吟诗作赋的乐趣，在瘦西湖的西北角，重建了二十四桥风景区。每到夜晚来临，依然可以看到吹箫的窈窕淑女。

优雅的景致博得了文人墨客的青睐。我国古代历朝历代的一些大诗人，文人墨客，基本上都去过扬州，而且都留下一些非常著名的诗句。唐代的大诗人李白，送朋友到扬州去，临别的时候说："孤帆远影碧空尽，惟见长江天际流。"他是在武汉这个地方送朋友的，"故人西辞黄鹤楼，烟花三月下扬州"。他指点朋友，在最好的季节、最好的时间里，到一个最好的地方去。还有徐凝，徐凝是唐朝的诗人，他写诗赞扬州："天下三分明月夜，二分无赖是扬州。"扬州有二分明月，许多人说，不知道为什么一写到扬州，诗就变得美了。

瘦西湖因水有了灵气，也因水的治理有了生机。良好的生态环境，引来了百鸟栖息，形成了人与自然的和谐统一。今天当我们徜徉在瘦西湖的烟霭柳林间，可以尽情领略瘦西湖的绰约风姿，感受它粼粼波光中掩映着的羞怯风韵，伴着潺潺的流水声、船姑娘的扬州小调，仿佛回荡在湖天之外。

第五节　寺　观　园　林

明清时期，南北各地完整保留下来的寺观园林为数众多，随处可见，以下几个是比较有代表性的例子。其中北京潭柘寺是园林和庭院绿化以及园林化环境结合十分密切的典型代表；大觉寺和白云观着重于介绍独立设置的附园；普宁寺是一座汉藏风格结合的寺庙建筑群。

一、北京潭柘寺

潭柘寺位于北京市门头沟区潭柘山，距市区 35 公里。因寺内的龙潭和柘树非常有名，所以人们称之为潭柘寺（见图 6 – 79）。潭柘寺是北京现存最古老的寺院。北京流传着"先有潭柘寺，后有幽州城"的说法。潭柘寺始建于西晋愍帝建兴四年（公元 316 年），名嘉福寺。唐代改建为龙泉寺。金代扩建为大万寿寺。明代皇家几次赐名修建。至康熙三十一年（公元 1692 年）起，又大事重修，清圣主于康熙三十六年（公元 1697 年）亲赐寺名"敕建岫云寺"。寺名历代更改不一，独潭柘一名，久传不衰。

图 6 – 79　北京潭柘寺

潭柘寺依山而建，占地 2.5 公顷。外围有附属建筑和森林草场，寺内现存殿堂 638 间。寺院布局分东西中三路。中路依次有牌坊、山门、天王殿、大雄宝殿、三圣殿遗址、毗卢阁等建筑。庭院内古木参天，绿荫覆地。三圣殿前左侧有银杏一株，称"帝王树"，相传为辽代种植，已近千年，至今仍枝叶茂密。毗卢阁为二层楼阁，踞寺之最高处，登楼可俯瞰全寺和环山风景。东路为行宫和方丈院，另有流杯亭一座，此处建筑尺度较小，庭院幽静，修竹丛生，泉水淙淙。流杯亭是沿袭汉魏时期"曲水流觞"的遗风，亭内悬挂乾隆题写的"猗亭"横匾。流杯亭在北京共有四处，以潭柘寺和中南海的流水亭最为有名。西路为一组寺院殿堂，有楞严坛、戒坛和观音殿等。寺后有观音殿。寺外北有龙潭，南和东南有安乐延寿堂、东观音洞、明王殿。寺前有上、下塔院，寺内有金、元、明、清各代僧人墓塔70余座，都是砖石结构的，以密檐式为主。潭柘寺保持了明代佛寺的总平面布局与规模，较完整地保留了清代皇家行宫。历代僧人墓塔群也具有较高的历史和艺术价值。

二、北京大觉寺

大觉寺位于北京西部旸台山麓。始建于辽咸雍四年（公元1068年），因寺内有清泉流入龙潭，故又名"清水院"。是金章宗时著名的西山八大水院之一，时称灵泉寺。明宣德三年（公元1428年）重修，建成天王殿、无量寿福殿和龙王殿，改称大觉寺（见图6-80）。

图6-80　北京大觉寺

寺院坐西朝东，体现了契丹人尊日东向的习俗。寺内建筑依山势层叠而上，自东向西由山门、碑亭、钟鼓楼、天王殿、大雄宝殿、无量寿佛（动静等观）殿、大悲坛、舍利塔、龙王堂组成，多是清代重新修建。殿宇雄伟古朴，布局规整严谨。寺内后山是一处别致的园林，麓林曲径，叠石流泉，情趣非凡（见图6-81）。

寺前平畴沃野，景界开阔；寺后层峦叠嶂，林莽苍郁，以清泉、石树、玉兰花和清幽的环境享誉四方。寺内古树参天，流泉淙淙，盛夏时节，浓荫蔽日，把整个寺院覆盖在万绿丛中。院内有乾隆年间从四川移来的玉兰树，花繁瓣大，色洁香浓，树龄300年上下，堪为京城玉兰之最。还有一株高大而古老的银杏树，俗名"白果王"，需6人方能合围，浓荫可蔽半个院落，据说已傲立800年之久。寺内泉水自石缝流出，汇成碧潭，又经石槽缓缓顺山势而下，水流清澈，四时不竭，使整个寺院呈现出一派生机。

大觉寺是一座拥有丰富历史遗存的千年古刹。《阳台山清水院创造藏经记》石碑，尤为珍贵，是研究辽代北京历史地理的重要史料。殿堂内供奉的佛像雕塑精美，形象生动，保存基本完整。

图 6 – 81　大觉寺景色

三、北京白云观

白云观位于北京市西城区复兴门外白云路东侧，是道教全真三大祖庭之一（见图6 – 82，图 6 – 83）。道教为中国固有的宗教，奉老子为教主，认为道无所不包、无所不在，以"道德经"为主要经典，其创始人为东汉时期的张道陵。白云观始建于唐开元二十七年（公元739 年），清康熙四十五年（公元1706 年）、五十三年（公元1714 年）、光绪十二年（公元1886 年）多次重修。现存建筑多为明清遗构。

图 6 – 82　北京白云观

白云观全部建筑分为东、中、西三路，后面有花园。主要建筑都集中在中路，依次为牌楼、山门、灵官殿、玉皇殿、老律堂（七真殿）、邱祖殿、四御殿、戒台与云集山房等，大大小小共有 50 多座殿堂，占地约 2 万平方米。它吸取南北宫观、园林特点建成，殿宇

宏丽，景色幽雅，殿内全用道教图案装饰。其中四御殿为二层建筑，上层名三清阁，内藏明正统年间（公元 1436～1449 年）刊刻的《道藏》一部。邱祖殿为主要殿堂，内有邱处机的泥塑像，塑像下埋葬邱的遗骨。此观在清朝改建时细部装饰彩画仍用道教图案，如灵芝、仙鹤、八卦、八仙等。观内保存有大量碑刻，如重修碑记、捐产碑记、庙产碑记、香火碑记等，记述观址建筑变迁。东路有南极殿、真武殿、火神殿、罗公塔等，现改为观内生活区。西路有祠堂、元君殿、文昌殿等。后花园内有亭台、游廊，是极负盛名的道观园林。

图 6 - 83　白云观建筑

　　白云观是明代以来道教全真教派的第一丛林，北京最大的道观建筑。其设计吸收了中国传统建筑中其他宗教建筑的手法，具有较高的历史与艺术价值。

四、承德普宁寺

　　普宁寺位于承德市避暑山庄北部武烈河畔，由于寺内有一尊金漆木雕大佛，俗称大佛寺（见图 6 - 84）。普宁寺建成于乾隆二十四年（公元 1759 年），占地 3.3 万平方米。是外八庙中最为完整、壮观的寺庙建筑群。当时清政府平定了厄鲁特蒙古准噶尔部达瓦齐的叛乱，在避暑山庄为厄鲁特四部上层贵族封爵，效仿西藏三摩耶（又称桑鸢寺）建制修建此寺，清政府希望边疆人民"安其居，乐其业，永普宁"，故称之为"普宁寺"。

　　普宁寺建筑风格独特，它吸收并融合了汉地佛教寺院和藏传佛教寺院的建筑格局，南半部为汉地寺庙的"七堂伽蓝"式布局，中轴线上依次分布着山门、天王殿、大雄宝殿等殿堂，两侧为钟鼓楼和东西配殿，南北长 150 米，宽 70 米。北半部为藏式寺庙建筑，以大乘阁为中心，周围环列着许多藏式碉房建筑物——红台、白台以及四座白色喇嘛塔（见图 6 - 85）。大乘之阁内部分为三层，阁内矗立一尊金漆木雕千手千眼观音菩萨，高 22.28 米，腰围 15 米，重达 110 吨，用木材 120 立方米，是现在世界上最高大的木质雕像。像内是三层楼阁式的构架结构，中间为一根主木，四周组合许多根边柱，外钉衣纹占板密封，分层雕刻。佛像比例匀称，纹饰细腻，绘色绚丽，生动地表现了观世音菩萨的表情和神采，是我国雕塑艺术的杰作。

图6-84 承德普宁寺

图6-85 普宁寺喇嘛塔

大乘之阁的北西东三面对称地构筑了四大部洲、八小部洲及四座喇嘛塔，布局适宜，造型优美，环大乘之阁而建。

第七章　园林建筑的类型和特点及美学思想

第一节　亭

亭的历史十分悠久，但古代最早的亭并不是供观赏用的建筑。如周代的亭，是设在边防要塞的小堡垒，设有亭吏。到了秦汉，亭的建筑扩大到各地，为地方维护治安的基层组织所使用。《汉书》记载："亭有两卒，一为亭父，掌开闭扫除；一为求盗，掌逐捕盗贼"。

魏晋南北朝时，代替亭制而起的是驿。之后，亭和驿逐渐废弃。但民间却有在交通要道筑亭为旅途歇息之用的习俗，因而沿用下来。也有的作为迎宾送客的礼仪场所，一般是十里或五里设置一个，十里为长亭，五里为短亭。同时，亭作为点景建筑，开始出现在园林之中。

到了隋唐时期，园苑之中筑亭已很普遍，如杨广在洛阳兴建的西苑中就有风亭月观等景观建筑。唐代宫苑中亭的建筑大量出现，如长安城的东内大明宫中有太液池，中有蓬莱山，池内有太液亭。宋代有记载的亭子就更多了，建筑也极精巧。在宋《营造法式》中就详细地描述了多种亭的形状和建造技术，此后，亭的建筑便愈来愈多，形式也多种多样。

一、亭的地置

亭子不仅是供人憩息的场所，也是园林中重要的点景建筑，布置合理，全园俱活，不得体则感到凌乱，明代著名的造园家计成在《园冶》中有极为精辟的论述："……亭胡拘水际，通泉竹里，按景山巅，或翠筠茂密之阿，苍松蟠郁之麓"，可见在山顶、水涯、湖心、松荫、竹丛、花间都是布置园林建筑的合适地点，在这些地方筑亭，一般都能构成园林空间中美好的景观艺术效果（见图7－1～图7－6）。

图7－1　扬州瘦西湖的五亭桥

也有在桥上筑亭的，如扬州瘦西湖的五亭桥（见图7-1）。五亭桥建于乾隆二十二年（公元1757年），是仿北京北海的五龙亭和十七孔桥而建的。建筑风格既有南方之秀，也有北方之雄。中秋之夜，可感受到"面面清波涵月影，头头空洞过云桡，夜听玉人箫"的绝妙佳境。五亭桥原名莲花桥，是瘦西湖的标志之一，因形状象一朵盛开的莲花而得名。再如北京颐和园中西堤上的桥亭等，亭桥结合构成园林空间中的美好景观艺术效果，又有水中倒影，使得园景更富诗情画意。

亭子以其美丽多姿的轮廓与周围景物构成园林中美好的画面。如建造于孤山之南，"三潭印月"之北面柳丝飞翠小岛的杭州西湖湖心亭，选址极为恰当，四面临水，花树掩映，衬托着飞檐翘角的黄色琉璃瓦屋顶，这种色彩上的对比显得更加突出。岛与建筑结合自然，湖心亭与"三潭印月"、阮公墩三岛如同神话中海上三座仙山一样鼎立湖心。而在湖心亭上又有历代文人留下"一片清光浮水国，十分明月到湖心"等写景写情的楹联佳作，更增湖心亭的美好意境，而人于亭内眺望全湖时，水光山色，着实迷人。

在赏月胜地"三潭印月"，亭子成为构成这一景区的重要建筑。从"小瀛洲"登岸，迎面来的主要景观建筑便是先贤祠和一座小巧玲珑的三角亭，以及与三角亭遥相呼应的四角"百寿亭"，亭与桥既构成了三潭印月水面空间分割，又增加了空间景观层次，成为不可缺少的景观建筑，人于亭内居高临下，可以纵情地远望四面的湖光山色，近览水面莲荷，那红的、白的、黄的花朵，尽情欣赏"水上仙子"的娇容丽色。绿树掩映的"我心相印亭"以及"三潭印月"的碑亭，都为构成三潭印月的园林景观、空间艺术层次起到了重要作用，而"我心相印"因有"不必言说，彼此意会"的寓意，更增"三潭印月"这一景区的情趣。

图7-2　苏州拙政园梧竹幽居亭

图7-3　苏州拙政园宜两亭

二、名亭

亭既是重要的景观建筑，也是园林艺术中文人士大夫挽联题对点景之地。如清新秀丽的济南大明湖，向有"四面荷花三面柳，一城山色半城湖"之美。湖中的小岛上有一座历史悠久的历下亭，初建于北魏年间，重建于明嘉靖年间。唐天宝四年（公元745年），杜甫曾到此一游，题诗曰："海右此亭古，济南名士多"。清代书法家何绍基将此诗句写成楹联，挂于亭上，名亭、名诗、名书法，堪称三绝。

兰亭位于绍兴市西南十四公里处的兰渚山下，是东晋著名书法家王羲之的寄居处，这一带有"崇山峻岭，茂林修竹，又有清流激湍，映带左右"，是山阴路上的风景佳丽之处。相传春秋时越王勾践曾在此植兰，汉时设驿亭，故名兰亭。现址为明嘉靖二十七年（公元1548年）郡守沈启重建，几经反复，于1980年全面修复如初。

兰亭布局以曲水流觞为中心，四周环绕着鹅池、鹅池亭、流觞亭、小兰亭、玉碑亭、墨华亭、右军祠等。鹅池用地规划优美而富变化，四周绿意盎然，池内常见鹅只成群，悠游自在。鹅池亭为一三角亭，内有一石碑，上刻"鹅池"二字，"鹅"字铁划银钩，传为王羲之亲书；"池"字则是其子王献之补写。一碑二字，父子合璧，乡人传为美谈（见图7-6）。流觞亭就是王羲之与友人吟咏作诗，完成《兰亭集序》的地方。东晋穆帝永和九年三月三日，王羲之和当时名士孙统、孙绰、谢安、支遁等41人，为过"修禊日"宴集于此，列坐于曲水两侧，将酒觞置于清流之上，飘流至谁的前面，谁就即兴赋诗，否则罚酒三觞。这次聚会有26人作诗37首。王羲之为之作了一篇324字的序文，这就是有"天下第一行书"之称的王羲之书法代表作《兰亭集序》。兰亭也因此成为历代书法家的朝圣之地和江南著名园林。

图7-4　御碑亭

小兰亭为一四角碑亭，内有康熙帝御笔"兰亭"二字的石碑。流觞亭北方有可视为兰亭中心之优美的八角形"御碑亭"（见图7-4），建于高一层的石台上，亭内御碑高3丈、宽1丈，正面刻有康熙临摹的《兰亭集序》全文，背面刻有乾隆皇帝亲笔诗文——《兰亭即事》七律诗。亭后有稍微高起的山冈，借景十分优美。

园内东北有安置王羲之像之祠堂"右军祠"，内有一幅王羲之爱鹅构想图，其南有以回廊围绕的方形墨华池与墨华亭，周围回廊墙上镶有唐宋以来历代书法名家所书《兰亭集序》之石刻。

以唐代诗人白居易的诗句"更待菊黄家酿熟，与君一醉一陶然"而命名的陶然亭，在北京先农坛的西面，建于清康熙年间，亭基较高，故有登临眺远之胜。

在杭州孤山北麓赏梅胜地的放鹤亭（见图7-7），是为纪念北宋诗人林和靖而建。

林和靖曾在孤山北麓结庐隐居，除吟诗作画，还喜好种梅养鹤。在他一生所写的诗中，"疏影横斜水清浅，暗香浮动月黄昏"两句特别为人所传颂。人因文传，亭因人建，名人名诗名亭和放鹤亭一带梅林，每到冬天，寒梅怒放，清香四溢的"香雪海"中隐一亭，使得放鹤亭更为名闻遐迩。

图 7-5 墨华亭

图 7-6 兰亭鹅池

图 7-7 放鹤亭

三、亭的类型

在我国园林中，几乎都离不开亭。在园林中或高处筑亭，既是仰观的重要景点，又可供游人统览全景，在山脚前边筑亭，以衬托山势的高耸；临水处筑亭，则取得倒影成趣；林木深处筑亭，半隐半露，既含蓄而又平添情趣。

在众多类型的亭中，方亭最常见。它简单大方。圆亭更秀丽，但额坊挂落和亭顶都是圆的，施工要比方亭复杂。在亭的类型中还有半亭和独立亭、桥亭等，多与走廊相连，依壁而建。亭的平面形式有方、长方、五角、六角、八角、圆、梅花、扇形等。亭顶除攒尖以外，歇山顶也相当普遍。

第二节　园门、廊、景墙

一、园门

古典园林中的门犹如文章的开头，是构成一座园林的重要组成部分。造园家在规划构思设计时，常常是搜奇夺巧，匠心独运。

苏州拥翠山庄（见图7-8）是一座山中的小小园林，依山势起伏而筑成，在虎丘云岩寺二山门内，建于清光绪年间，面积约一亩余，利用山势，自南往北而上，共四层。入口有高墙和长石阶。过前厅抱瓮轩，由后院东北角拾级而上，至问泉亭，由此可俯览二山门和东面景物。西侧倚墙有月驾轩和左右小筑二间，玲珑小巧。循曲磴北上为主厅灵澜精舍，此厅的前面和东侧都有平台，是园中最佳观景处。灵澜精舍与其后的送青组成一区院落，布局简单整齐。经厅西侧门，可至虎丘塔下。此园无水，但依凭地势高下，布置建筑、石峰、磴道、花木，曲折有致，又能借景园外，近观虎丘，远眺狮子山，是在风景区中营建园林的一个较成功的实例。

图7-8　苏州拥翠山庄园门

南京瞻园的入口，小门一扇，墙上藤萝攀绕，于街巷深处显得清幽雅静，游人涉足入门，空间则由"收"而"放"。一入门只见庭院一角，山石一块，树木几枝，经过曲廊，便可眺望到园的南部山石、池水建筑之景，使人感到这种欲露先藏的处理手法，正所谓"景愈藏境界愈大"了，把景物的魅力蕴含在强烈的对比之中。

苏州留园的入口处理更是苦心经营。园门粉墙、青瓦，古树一枝，构筑可谓简洁，入门后是一个小厅，过厅东行，先进一个过道，空间为之一收。而在过道尽头是一横向长方厅，光线透过漏窗，厅内亮度较前厅稍明。从长方厅西行，又是一个过道，过道内左右交错布置了两个开敞小庭院，院中亮度又有增强，这种随着人的移动而光线由暗渐明，空间时收时放的布置，激起了游人扑朔迷离的游兴。等到过门厅继续西行，便见题额"长留天地间"的古木交柯门洞。门洞东侧开一月洞空窗，细竹摇翠，指示出眼前即到佳境。这种建筑空间的巧妙组合中，门起到了非常重要的作用。

杭州"三潭印月"中心绿洲景区的竹径通幽处，通过圆洞门看去，在竹影婆娑中微露羊肠小径，用的就是先藏后露、欲扬先抑的造园手法，这也正如说书人说到紧要处来一个悬念，引人入胜，这都说明我国造园的艺趣。

苏州沧浪亭，门外有木桥横架于河水之上，这里既可船来，又可步入，形成与众园不同的入口特点。

园林的门，往往也能反映出园林主人的地位和等级。例如进颐和园之前，先要经过东宫门外的"涵虚"牌楼、东宫门、仁寿门、玉澜堂大门、宜芸馆垂花门、乐寿堂东跨院垂花门、长廊入口邀月门这七种形式不同的门，穿过九进气氛各异的院落，然后步入七百多米的长廊，这一门一院形成不同的空间序列，又具有明显的节奏感。

二、廊

我国建筑中的走廊，不但是厅、厦内室、楼、亭、台的延伸，也是由主体建筑通向各处的纽带，而园林中的廊子，既起到园林建筑的穿插、联系的作用，又是园林景色的导游线。如北京颐和园的长廊，它既是园林建筑之间的联系路线或者说是园林中的脉络，又与各样建筑组成空间层次多变的园林艺术空间。

廊的形式有曲廊、直廊、波形廊、复廊。按所处的位置分，有沿墙走廊（见图7-9~图7-11）、爬山走廊、水廊、回廊、桥廊等。曲廊多逶迤曲折，用一部分依墙而建，其他部分转折向外，组成墙与廊之间不同大小、不同形状的小院落，其中栽花木，叠山石，为园林增添无数空间层次多变的优美景色。

图7-9　沿墙走廊图一

复廊的两侧并为一体，中间隔有漏窗墙，或两廊并行，又有曲折变化，起到很好的分隔与组织园林空间的重要作用。爬山廊都建于山际，不仅可以使山坡上下的建筑之间有所联系，而且廊子随地形有高低起伏变化，使得园景丰富。水廊一般凌驾于水面之上，既可增加水面空间层次的变化，又使得水面倒影成趣。桥廊是在桥上布置亭子，既有桥梁的交通作用，又具有廊的休息功能。

图 7 – 10　拙政园小飞虹

图 7 – 11　沿墙走廊图二

我国明末的园林家计成在《园冶》中说："宜曲立长则胜，……随形而弯，依势而曲。或蟠山腰、或穷水际，通花渡壑，蜿蜒无尽……"。这是对园林中廊的精炼概括。

廊的运用在江南园林中十分突山，它不仅是联系建筑的重要组成部分，而且是在划分空间、组成一个个景区的重要手段，廊子又是组成园林动观与静观的重要手法。

廊的形式以玲珑轻巧为上，尺度不宜过大，一般净宽 1.2 米至 1.5 米左右，柱距 3 米以上，柱径 15 厘米左右，柱高 2.5 米左右。沿墙走廊的屋顶多采用单面坡式，其他廊子的屋面形式多采用两坡顶。

廊子是古代建筑当中的一个组成部分，这种建筑在中国是已经由来已久了，比如说唐代，唐代的建筑就是廊院式的，它整个建筑的周围四周都是廊子，然后把所有的建筑连通起来。这种廊子也用在民居当中，比如说民居当中比较大一点的四合院，它是带抄手游廊的。同时也用在园林当中。

在中国古典园林建筑中，廊式建筑占有重要的位置。有游廊、曲廊、回廊、爬山廊等。颐和园的长廊作为皇家园林中的重要景观，综合了各种廊式建筑为一体而成为一条最长的游廊。

廊子本身，就它的建筑的本身构造来说，并不是那么复杂，应该说是构造最简单的一种建筑。一般的廊子都是四檩的廊子，就是说从它的构架剖面上看，有四根檩子。廊子的进深一般也不大，像用在庭院里的廊子，一般的是一米多进深，有"四尺廊子"之说。颐和园的长廊尺度要大一些，因为它是皇家园林，有时候在功能上，它比这一般的住宅进深要大一些。

1. 世界第一长廊——颐和园长廊

颐和园长廊（见图 7 – 12）是中国廊建筑中最大、最长、最负盛名的游廊，也是世界第一长廊。建筑是凝固的历史。长廊是颐和园中匠心独运的一大手笔，代表了中国园林建筑的高超水平，是颐和园内的建筑经典。

作为皇家园林中的重要景观，颐和园长廊综合了廊式建筑艺术。它以排云殿为中心，呈东西走向，向两边延伸，以它的长与佛香阁的高遥相呼应。

这座精心打造的游廊，雍容华贵，融合吸收了南方廊的典雅，更有一番皇家的威严气度。无论外界是风是雨总是以最安适的方式呈现给人们颐和园不同的美，漫步其中，步移景换，每每映入眼帘的，都像是精心构造引领人们去欣赏的山水图画。

这条彩带般的长廊，把万寿山前分散的景点建筑连缀在了一起，对丰富园林景色起着突出的作用，形成了一条风雨无阻的观景线。它既是园林建筑之间的联系路线，或者说是园林中的脉络，又与各样建筑组成空间层次多变的园林艺术空间。

2. 长廊的独特意境

长廊东起邀月门，西至石丈亭还连接了两处临水建筑，分别是对鸥舫和鱼藻轩。颐和园长廊全长 728 米，共 273 间。因为它拥有一个与同类建筑相比绝无仅有的长度，所以 1992 年吉尼斯世界纪录大全就将这道长廊收录在卷。

中国造园艺术在颐和园得到极大的发挥，留下众多令人称奇的景观。颐和园长廊中间建有象征春、夏、秋、冬的"留佳"、

图 7 - 12　颐和园长廊

"寄澜"、"秋水"、"清遥"四座八角重檐的亭子。长廊东西两边南向各有伸向湖岸的一段短廊，衔接着对鸥舫和鱼藻轩两座临水建筑。西部北面又有一段短廊，接着一座八面三层的建筑，山色湖光共一楼。长廊沿途穿花透树，观山赏水，景随步移，美不胜收。

颐和园的中心建筑群坐落在万寿山南麓与昆明湖交界一带，长廊也是这组建筑的一部分，它以颐和园建筑的最高点佛香阁脚下的排云殿为中心，呈东西走向，向两边延伸。以它的长与佛香阁的高遥相呼应。

三、园林中的景墙

粉墙漏窗（见图 7 - 13），这已经成为人们形容我国古典园林建筑特点的口头语之一。在我国的古园林中，只要稍加留心，就经常会看到精巧别致、形式多样的景墙。它既可以划分景区，又兼有造景的作用。在园林的平面布局和空间处理中，它能构成灵活多变的空间关系，能化大为小，能构成园中之园，也能以几个小园组合成大园，这也是"小中见大"的巧妙手法之一。

所谓景墙，主要手法是在粉墙上开设有玲珑别透的景窗，使园内空间互相渗透。如杭州三潭印月绿洲景区的"竹径通幽处"的景墙，既起到划分园林空间的作用，又通过漏窗起到园林景色互相渗透的作用。

漏窗是苏州园林的点睛之笔（见图 7 - 13）。漏窗本身是景，窗内窗外之景又互为借用，隔墙的水榭楼台、花草树木，透过漏窗，或隐约可见，或明朗入目，移步观景，画面则更加

变化多端，令人目不暇接。如沧浪亭漏窗有一百零八扇，图案花纹构作精巧、变换多端、无一雷同，在苏州古典园林中独树一帜，留园和拙政园里也到处都是精美的漏窗。

图 7 – 13　苏州园林中的各式景墙漏窗

透过漏窗，景区似隔非隔，似隐非现。望出去往往光影迷离斑驳，使原来的景致得到拓展和延伸。随着游人的脚步移动，景色也随之变化，真正产些了"一步一景"、"移步换景"的效果。漏窗在墙面上是平面的，有了它，使墙面增添了无尽的生气和变幻感。如果从漏窗望出去，可以看到不同的景致，这时漏窗又变成了立体的画面。用现在的时髦话应该叫三维空间吧！而且从漏窗望出去的景色，因阳光、树荫、窗格的遮挡，往往会产生出一种朦胧美。

漏窗可以借景，漏窗本身和望出去的景色，如同一幅幅立体图画，真是小中见大，平中见奇，变化莫测、引人入胜。在苏州各大园林中，未有雷同的漏窗。其中有六角形、菱花、书条、套方、冰裂等；全用弧线的有鱼鳞、钱纹、球纹、秋叶、海棠、葵花、如意、波纹等。还有用线条构成的寿字、万字海棠、六角穿梅等。图案题材多取象征吉祥或风雅的动植物，属于花卉题材的有松、柏、牡丹、梅、竹、兰、菊、芭蕉、荷花等，属鸟兽的有狮、虎、云龙、凤凰、喜鹊、蝙蝠，以及松鹤图、柏鹿图等，物品题材有花瓶、聚宝盆、文房四宝和博古等，还有表现戏剧人物和故事、象形文字的图案。苏州古典园林中的漏窗景观不胜枚举，"借景"效果特别明显，因此为园林增添了不少的雅气。再加上漏窗的外侧墙下，也往往栽植了南天竹、美人蕉、罗汉松、海棠以及石笋和各种树木，与粉墙漏窗映衬在一起，既形成一种相互交融的美感，又饱含着耐人寻味的幽雅情调，更像一幅幅园林小品。

上海豫园万花楼前庭院的南面有一粉墙，上装有不同花样的漏窗，起到分割空间，又起到空间相联的作用。而那水墙的作用则更为巧妙，既分割了庭院，丰富了万花楼前庭院的空间关系。粉墙横于水系之上，使溪水隔而不断，意趣无穷，而又有水中倒影，极大地丰富了水面景色。

北京颐和园中的灯窗墙，是在白粉墙上饰以各式灯窗，窗面镶有玻璃。在明烛之夜，窗光倒映在昆明湖上，水光灯影，灯影还有生动的图案，令人叹为观止。苏州拙政园中的枇杷园，就是用高低起伏的云墙分割形成园中园的佳例，苏州留园东部多变的园林空间，大部分是靠粉墙的分割来完成的。景窗的形式多种多样，有空窗、花格窗、博古窗、玻璃花窗等。

第三节　桥、榭、舫

一、桥

桥梁比起其他建筑类型来，有更为明确单一的实用要求，技术性也更强，但即使这样，桥梁对于美化生活、装点江山，仍具有很大意义，同样也是园林建筑艺术关注的对象。在某种情况下，桥梁与建筑群或环境的结合，还可能烘托出某种一定深度的精神文化内涵。例如北京紫禁城天安门前的五座石拱桥，正对着五个门洞，中间一座最大，其他四座依次缩小，与天安门及周围环境如华表、石狮等一起，构成为宫殿入口，就加强了这一皇权建筑的气势。在寺庙前部也常有小桥，以标示建筑的重要性。园林里的桥梁要求与景观有更密切的结合，对造型美的要求也更高，与其他园林景观一起，共同渲染出幽雅的气氛。这些桥梁就更多超出了单纯实用的意义，与其说它们只是一种交通设施，不如说更是一种点景小品，它们的美，除了技术美以外，就更多地具有狭义艺术美的特性了。

1. 桥的类型

按结构材料分类，桥梁主要有石桥和木桥两种，依跨数有单跨与多跨之别，依结构形式则有拱桥与梁桥。拱桥大都是石桥，也有个别为木结构，称叠梁拱桥；梁桥又有平梁与悬臂梁之别，前者可能是石结构也可能是木结构，后者都是木结构。在所有桥的桥面上都可以建造桥廊或亭阁一类建筑，构成特别美丽的形象，称为廊桥。总之，为满足不同场合下的不同需要，桥梁有多种类型。在我国园林中，有石板桥、木桥、石拱桥、多孔桥、廊桥、亭桥等。置于园林中的桥除了实用之外，还有观赏、游览以及分割园林空间等作用。在杭州等地的园林中，还有历史故事传说中的桥，如西湖白堤上的断桥。园林中的桥，又多以矫健秀巧或势若飞虹的雄姿，或小巧多变，精巧细致，吸引着众多的游客慕名而来。

我国古典园林中所有桥梁的类型，在江南园林中可以说是应有尽有。而且在每个园林，以致于每个景区几乎都离不开桥。如杭州西湖园林区的白堤断桥、"西村唤渡处"的西泠桥、花港观鱼的木板曲桥、"三潭印月"的九曲桥、"我心相印亭"处的石板桥等。各种各样的桥在杭州园林的平面与空间组合中，都发挥了极其重要的作用。广阔的西湖水面层次多变的空间关系，主要就是由苏堤六桥、白堤断桥、西泠桥等与长堤结合，把西湖水面划分成层次多变的空间，否则西湖水面就会感到空旷单调而无变化。而桥的作用又可使水面空间隔而不断，桥上行人，桥下行船，丰富了西湖水面的变化。

2. 桥的作用

在湖中有岛、岛中有湖的"三潭印月"，九曲桥的布置使水面空间层次多变，用曲桥构成丰富的园林空间。园路常曲，平桥多折，这既增加了空间层次的变化，又拉长了游览中动观的路线。

桥又起到联系园林景点的重要作用，再以三潭印月为例，从"小瀛洲"弃船登岸之后，游人穿过先贤祠就步入九曲桥，桥右是一座小巧玲珑的三角亭，与三角亭遥遥相对，在九曲桥上筑有一座四角亭，形成组合式的亭桥园林建筑。在这里既看到了景点建筑的联系靠桥，而接近水面的曲桥使游人便于观赏水中的倒影和游鱼，又可以欣赏水面莲荷，人行桥上得到极大的快慰和乐趣。

苏堤上的"映波"、"锁澜"、"望山"、"压堤"、"东浦"、"跨虹"，有苏东坡"六桥横绝天汉上，北山路与南桥通……"的诗句，点出了桥的妙用。

杭州园林中的桥又由于它与文化历史或民间传说相结合，更给园林增添了浪漫主义的色彩（见图7-14~图7-17）。

如二十四桥，亦名廿四桥，昔为砖砌桥墩，上铺木板，围以红栏。桥临吴姓住宅。桥畔遍植芍药，故又有红药桥、吴家砖桥之称。二十四桥之名，源于隋代，相传隋炀帝在月夜曾命宫女24人吹箫于此得名。"青山隐隐水迢迢，秋尽江南草未凋。二十四桥明月夜，玉人何处教吹箫"。这首诗已流传了一千多年，可谓妇孺皆知。诗因桥而咏出，桥因诗而闻名。廿四桥为单孔拱桥，汉白玉栏杆，如玉带飘逸，似霓虹卧波。该桥长24米，宽2.4米，栏柱24根，台级24层，似乎处处都与二十四对应。洁白栏板上彩云追月的浮雕，桥与水衔接处以

图7-14　廿四桥

巧云状湖石堆叠，周围遍植馥郁丹桂，使人随时看到云、水、花、月，体会到"二十四桥明月夜"的妙境，遥想杜牧当年的风流佳话。桥上箫声，船上歌声，岸边笑声汇在一起，此时再咏诵"天下三分明月夜，二分无赖是扬州"，你定会为唐代诗人徐凝的精妙描写拍手称绝。对建于唐代的断桥，诗人张祜就有"断桥荒藓涩"之句，于是人们走在这座历史上苔藓斑斑的古桥，就会顿生怀古之幽思。而且，它既是历史上的名桥，更因白娘娘和许仙曾在这里相会，而使人们因历史的传说浮想联翩。待到冬雪时，断桥残雪，远山近水，银装素裹，分外妖娆，断桥又是西湖园林风景的重要景点了。

图 7 - 15　苏州园林中的曲桥一

图 7 - 16　苏州园林中的曲桥一

在江南众多的私家园林中，在小小的园林空间中不同类型的桥不仅使水面空间层次多变，构成丰富的园林空间艺术布局，它还起到园林景点联系的明显作用。一些一步即过的石板小桥，常常既是游览路线中不可少的构筑。在水面空间的层次变化中，常用小桥收而为溪、放而为池的水景处理手法来丰富水系多变的意境。如苏州网师园里的引静桥，可以说是苏州园林中最小的石拱桥了。长二米，宽仅三尺，这座姿态苗条秀美的袖珍小桥可称得上是网师园中的点睛之笔了。

在江南园林中颇具特色的浙江海盐城绮园内的石拱桥是一座双向反曲线的石拱桥，两边竖有精美的石栏，是一座式样美观、幽雅别致，园林景观中少见的单拱石桥，它既是点景建筑，又起到分割水面空间的作用。

图 7-17　苏州园林中的曲桥三

亭与桥等形式的组合桥，由于它独特的造型艺术特点，往往又成为城市的标志，如杭州西湖三潭印月的九曲亭桥，扬州瘦西湖的五亭桥，都是有代表性的例子。

3. 名桥

在北方皇家园林中，要数北京颐和园的桥墩最具有特色了。如昆明湖的玉带桥，全用汉白玉雕琢而成，桥面呈双向反曲线，显得富丽、幽雅、别致，又有水中倒影，成为昆明湖中极重要的观赏点。桥采用亭桥组合的形式，亭东、西备有牌坊一座，犹如护卫拥立。而昆明湖上东堤上的十七孔桥，那更是颐和园昆明湖水面上不可少的点景和水面分割又联系的一座造型极美的连拱大石桥。桥面隆起，形如明月，桥栏雕着形态各异的石狮，只只栩栩如生，极为生动。游人漫步桥畔，长桥卧碧波，又有亭、岛等园林建筑相映媲美，成为昆明湖上重要的点睛之笔。而在昆明湖的西堤上，则又有西堤六桥，六桥各异，特点不同，桥与西堤成为昆明湖水面分割的重要组成部分。

在园林中，或在重要的风景点，有些桥也因有著名诗人的咏词赞颂，而使园林或风景区留名千古，与园林风景相得益彰。如苏州寒山寺的枫桥，就是因为有了人所共知的唐代诗人张继写了著名的《枫桥夜泊》诗，而使得寒山寺园林名声更加闻名遐迩。

桥，也有的以它独特的造型和结构以及它的悠久历史等，单独成为自然风景区的重要名胜景点。如在闽南永春县东平乡的湖洋溪上，有一座罕见的长廊屋盖梁式桥，它以矫健秀巧的美姿，与湖洋溪两岸景色优美、迷人的风光组成游览胜地。

距今已有 830 余年的东关桥，全长 85 米，宽 5 米，采用青岗石和特大木料构筑，共六墩、五孔，墩呈船形，均用青岗岩石条互相交错叠压，干砌而成。桥墩上的青石雕刻精巧细致，栩栩如生，而且每一墩的雕刻内容各异。加上此地自然景色诱人，历来有不少文人墨客挥笔赞颂。其中清代王光华写的《通仙桥游》一直令人回味。"桃谷寺源路不迷，垂虹人渡石林西。双鱼塔近残霞散，五岫台空落照低。置驿此间通上国，放舟何日到仙溪。会当立马金鳌上，大笔淋漓认旧题"。

名桥、名诗，又与春和景明，舟帆片片，鸳鸯戏水，似与游者怡然相乐。夏日林壑更美，满目蔚然而深秀，枕席纳凉，其乐无穷。至秋，风霜高洁，凭栏赏景，听涓涓之流水，眺望恬静之境界，叫人耳目开窍，身心俱适。冬季水落而石出，水尤清冽，越显得幽深雅致。四季之景各异，游人不管何时游览，都会得到极大的满足。桥置于自然风景中，可以成为自然风景园林中的主要景观建筑。

中国桥是艺术品，不仅在于它的姿态，而且还由于它选用了不同的材料。石桥之凝重，木桥之轻盈，索桥之惊险，卵石桥之危立，皆能和湖光山色配成一幅绝妙的图画。

二、榭、舫

《园冶》中说："榭者，藉也。藉景而成者也。或水边、或花畔，制亦随态"。榭与舫的相同处是都是临水建筑，不过在园林中榭与舫在建筑形式上是不同的（见图7－18）。榭又称为水阁，建于池畔，形式随环境而不同。它的平台挑出水面，实际上是观览园林景色的建筑。建筑的临水面开敞，也设有栏杆。建筑的基部一半在水中，一半在池岸，跨水部分多做成石梁柱结构，较大的水榭还有茶座和水上舞台等。

图7－18　苏州园林中的舫与榭

舫又称旱船，是一种船形建筑，建于水边，前半部多是三面临水，使人有虽在建筑中，却又犹如置身舟楫之感。船首的一侧设平板桥与岸相连，颇具跳板之意。舫体部分通常采用石块砌筑。舟船景是中国古典园林中特殊的建筑景，它常常被用来表达园中的某种理想情操。古代文人名士，如果官场失意，对现实生活不满意，总想遁世隐逸，耽乐山水之间，这种逍遥优游，多半是买舟前往。正如李白诗中所写的："人生在世不称意，明朝散发弄扁舟。"对舟船生活有着特别的感情。但是能像李白那样遁世山林的终究是少数，于是便在园林水边造旱船石舫，似乎园主人一踏上旱船，就会有泛舟荡漾于湖山间的感觉，以此来寄寓他们难以实现的理想。苏州拙政园香洲上楼下轩，形似画舫，船头向东，三面伸入水中，仅尾部与陆地相接，是拙政园中部著名的船景。旱船北向水面开阔，透过荷风四面亭西边的五曲桥，粼粼清波直接见山楼下，南侧是得真亭前较开畅的绿地，中间仅以小石假山相隔，犹如江南水乡田野中泊停的一艘画船。从岸边经一条石质跳板，可到船首，再往下穿过雕刻精美，图案为花果麒麟的落地门罩，便是船舱，舱门上悬有文征（徵）明手书的"香洲"额匾。画船得名于唐徐元固诗句："香飘杜若洲"。典出屈原《楚辞》："采芳洲兮杜若，将以遗兮下女。"另外，《述异记》也记有海外香洲"洲中出诸异香，往往不知名焉"，船以此名，暗示其环境之优美。船舱中置明镜一面，映写出对面倚玉轩一带景色，虚实相济，饶有趣味。大镜上亦悬有一匾，上书"烟波画船"四字，十分神妙地点出了眼前的风景意境。由镜旁可入后舱，蹬船梯而上，可到"激观楼"。江南一带民船，每每于后舱上建楼，故激观楼即香洲上层。古文"激"与"澄"通。激观即"澄怀观道"之意。据《南史·宗炳传》载："（少文）老疾俱至，名山恐难遍睹，惟澄怀观道，卧以游之，凡所游履，皆图之于室，谓抚琴动操，欲令众山皆响。"这楼靠近园西部，四望景色俱入画，以前为园主休息怡养之处。

在我国古典园林中，榭与舫的实例很多，如苏州拙政园中的芙蓉榭，半在水中、半在池岸，四周通透开敞。颐和园石舫的位置选得很妙，从昆明湖上看去，好像正从后湖开来的一条大船，为后湖景区的展开起着景露意藏的作用。

第四节　楼、阁、塔、厅、堂、轩

一、景观楼阁

中国的文化精神，特别重视人与自然的融洽相亲，楼阁就很能体现这种特色。天无极，地无垠，在广漠无尽的大自然中，人们并不安足于自身的有限，而要求与天地交流，从中获得一种精神升华的体验。嫦娥、羽人、飞仙是表现这种追求的神话幻想，楼台观榭则是现实的体现。所以中国的楼阁和欧洲古代的楼房在精神风貌上有明显不同。后者用砖石砌造，只开着不大的窗子，楼外没有走廊，内外相当隔绝，强调垂直向上的尖瘦体形，似乎对大地不屑一顾，透露了人与自然的隔阂。中国的楼阁则相当开敞，楼内楼外空间流通渗透，环绕各层有走廊，供人登临眺望；水平方向的层层屋檐、环绕各层的走廊和栏杆，大大减弱了总体竖高体形一味向上升腾的动势，使之时时回顾大地；凹曲的屋面、翘弯的屋角避免了造型的僵硬冷峻，优美地镶嵌在大自然中，仿佛自己也成了天地的一部分，寄寓了人对自然的无限留恋。有许多诗文就鲜明表达了楼阁的这种人文精神，如"白日依山尽，黄河入海流；欲穷千里目，更上一层楼。"就道出了诗人登楼远观，荡涤胸怀，浴乎天地之间的真切感受。从颇富意境的各种楼名，也可见出这层意思，如望海楼、见山楼、看云楼、得月楼、烟雨楼、清风楼、凌云阁、迎姐阁、夕照阁等皆是。

历史上的楼阁除佛寺宫殿所有者外，享有盛名者大都具有游观建筑性质，多建在风景佳胜之地或园林中，如著名的江南三大名楼黄鹤楼（图7-20）、滕王阁（图7-19）、岳阳楼（图7-21）等。选址常在城市边缘临江或临湖地段，便于眺望并与城市联系密切，宜于"得景"，尺度和造型都经过精心构思，建筑和自然有和谐的呼应。楼阁本身也补充了自然之美，成为被观赏的对象，称为"成景"。

岳阳楼在湖南岳阳洞庭湖西岸，相传三国时此地就有阅兵楼，唐代以来诗文更盛，如李白"楼观岳阳尽，川回洞庭开"，杜甫"昔闻洞庭水，今上岳阳楼"等。宋代重修岳阳楼，范仲淹曾撰《岳阳楼记》，楼名更传扬天下。宋岳阳楼仅从现存南宋岳阳楼图可略见一斑。现存岳阳楼重建于清光绪五年（公元1879年），在岳阳西城墙上，坐东向西，面临洞庭湖，遥见君山。楼平面矩形，正面三间，周围廊，三层三檐，通高近 20 米。屋顶为四坡盝顶，屋面上凸下凹，为中国现存最大盝顶建筑，覆黄琉璃瓦，翼角高翘。楼前两侧左右与楼品字并列，有三醉亭和仙梅亭作为陪衬。

图 7-19　滕王阁

黄鹤楼在湖北武昌长江南岸，相传也始建于三国，唐时名声始盛，这主要得之于诗人崔颢"昔人已乘黄鹤去，此地空余黄鹤楼"诗句。宋画《黄鹤楼图》再现了宋楼的面貌。图中黄鹤楼建在城台上，台下绿树成荫，远望烟波浩淼。中央主楼两层，平面方形，下层左右伸出，前后出廊屋与配楼相通。全体屋顶错落，翼角嶙峋，气势雄壮。宋以后，黄鹤楼曾屡毁屡建，清同治七年（公元 1868 年）重建，但只存在了十几年。现仅留当时楼貌照片，已不是宋代在高台上重建多座建筑，而取集中式平面，高踞在城垣之上，平面为折角十字，外观高三层，内部实为六层。下、中二檐有 12 个高高翘起的屋角，总高 32 米。近年以钢筋混凝土重建之黄鹤楼大体仿自清楼，但增至五层，体量更大，位置也因避开长江大桥有所移动（见图 7-20）。

图 7-20　黄鹤楼

滕王阁在江西南昌赣江岸边，初建于唐永徽四年（公元 653 年），以王勃《滕王阁序》闻名，后经历代重修重建达 28 次，唐宋旧迹早已崩坍入江。今存宋画《滕王阁图》是现知最早的滕王阁图本，反映了宋阁的形象，其体态之雍贵，结构之精巧，给人以深刻印象。从图所见，阁立在高大城台上，为纵横两座二层楼阁丁字相交。全阁共有 28 个内外转角，结构精巧，造型华美。阁内各层虽硕柱林立，但空间宏敞流通，上下楼层又都有外廊，便于眺望。

图 7 - 21　岳阳楼

　　明清以来又出现了许多著名的景观楼阁，如山西万荣飞云楼和广西容县真武阁。飞云楼在万荣解店镇东岳庙内，相传始建于唐，现存者建于明正德元年（公元 1506 年）。楼外观三层，内部实为五层，总高约 23 米。平面正方，中层平面变为折角十字，外绕一圈廊道，屋顶轮廓多变；第三层平面又恢复为方形，但屋顶形象与中层相似，最上再覆以一座十字脊屋顶。各层屋顶构成了飞云楼非常丰富的立面构图。楼体量不大，但有 4 层屋檐、12 个三角形屋顶侧面、32 个屋角，宛若万云簇拥，飞逸轻盈。此楼木面不髹漆，通体显现木材本色，醇黄若琥珀。

　　真武阁在容县城东绣江北岸一座石台上，建于明万历元年（公元 1573 年）。登阁远望，隔着南岸广阔的平原，东南山岭巍然矗立，气势雄壮。阁本身高 13 米，加上台高近 20 米，也是周围区域观赏的对象。

　　阁三层，三檐，屋檐挑出很大而柱高甚低，感觉比一般楼阁的出檐节奏加快，使得真武阁不像是一座三层建筑，倒很像是一座单层建筑而有三重屋檐，有强烈的韵律感和动势，但又较一般重檐建筑从容和层次鲜明。再加屋坡舒缓流畅，角翘简洁平缓，给全体增加了舒展大度的气魄，非常清新飘逸，是充分表现中国建筑屋顶美的杰作。底层平面比上二层大出很多，也使轮廓更显生动。

　　除了专门用于观景或点缀景色的楼阁外，各地城楼虽具有很强的军事建筑性质，但对于环境景观也起很大作用。如明清北京城内城九门、外城七门原来都有城楼和瓮城上的箭楼，内城东南、西南二角还有曲尺形角楼。它们是长段街道的构图重心，进出城门的重要标志，丰富了全城的天际轮廓，其凛然难犯的雄伟体量充分显示了皇权中心京畿重地的威仪。

　　城市里的钟楼或鼓楼较城楼角楼更多被人看到，对景观也有很大作用。钟声和鼓声有报时或警戒的作用，大约从东汉起就用来报时。隋唐城市实行里坊制，规定夜夜宵禁，晨昏都以钟声鼓声为启闭城门坊门的信号，多晨钟暮鼓。但隋唐没有专设的城市钟楼鼓楼，而以城楼代替。元大都在京城北部市肆区建造了专门的钟楼和鼓楼。明清继承元代并更推广，在北京、南京和许多地方城市普遍建造钟楼、鼓楼，有时二楼合二而一，布置在城市中心重要位置。

现存北京钟楼和鼓楼在城内北部，与北京同时建成于明永乐十八年（公元1420年）。钟楼为全砖石建，下为四方而高耸的砖台，四周围以石栏干，台上建筑单层钟楼。鼓楼在钟楼南，俯临繁华市肆鼓楼大街，形象与北京城楼相似，也是下为城台，上为两层楼，三檐。鼓楼体形横长，体量较大，风格华丽，与钟楼的小而竖高，风格素洁形成对比。它们构成的群体景观是北京从南城正门永定门起向北长达7.5公里的城市中轴线的有力结束，仿佛是一首气势磅礴的乐曲两个有力的终结和弦。

此外，著名的城市钟、鼓楼还有如西安钟楼、山东聊城光岳楼、河北宣化钟楼、山西平遥市楼、太谷和大同鼓楼、辽宁兴城鼓楼、甘肃酒泉和武威鼓楼等。

二、塔的中国化

中国还有一种与楼阁相似、体形比楼阁更为高耸、称为"塔"的佛教纪念性或标志性建筑。塔的原型及其宗教含义是从印度传入的，在印度原意是坟墓，埋葬释迦牟尼的遗骨，到了中国，其含义有所扩大。塔受到的实用功能的限制不大，形式比较自由，又多是由信徒集资或国家和地方资助建造的，常不惜重金以示虔诚，结构方式也很多样，所以样式十分丰富，是匠师们自由驰骋才思的地方，成为中国建筑艺术一个重要类型。中国佛塔以楼阁式和密檐式为主，都是结合印度塔的原型与中国汉代已大量出现的楼阁创造的。

1. 楼阁式塔

楼阁式塔建于北魏熙平元年（公元516年）的洛阳永宁寺塔可能是中国最高的建筑。木结构，九层，四面，每面有三座门、六座窗。关于塔的高度，据不同记载，最低也达到130多米，最高竟合今255～295米，十分惊人。塔的遗址现已发掘，是一座方约100米的大土台，台上有纵横都是九间的柱网遗迹，最核心以密集的16根柱子纵横排成一个坚密的中心柱束。《洛阳伽蓝记》描写说：登临塔上，遥望皇宫好像就在手掌之中，云雾缭绕在塔下。大塔的转角值得注意，每角有密集的六根柱子，组成坚固的转角支承结构，据考古结论复原，全塔形象与记载中的犍陀罗雀离浮屠相似，可能曾受到过后者的影响。

塔顶的一整套组合称为"塔刹"，实际是印度被称为 Stupa 形如倒覆之钵的塔的原型的缩小。将缩小了的 Stupa 与中国已有的楼阁结合在一起，结果是圆满的，浑然一体的，完成了塔的民族化。楼阁特别为热爱大自然的中国人所满意，可以登临眺望，当然比砖石建造的实心 Stupa 更受欢迎。

山西应县佛宫寺释迦塔（见图7-22），或称应县木塔，建于辽清宁二年（公元1056年）。塔八角，外观五

图7-22　应县佛宫寺释迦塔

层，底层又扩出一周外廊，也有屋檐，所以共有六重屋檐，下面二檐组成重檐。上面四层每层之下都有一个暗层，所以塔的结构实际为九层。暗层的外观称"平坐"，是围绕塔身带有栏杆的一圈走廊。每层有内外两圈柱子，构成双层套筒。各层柱子都微微向内倾斜，平面尺寸由下而上逐层减小，体形稳定。底层完全不开窗的外墙、增加的围廊和重檐，都加强了全塔的稳定感。底层廊柱处直径30米，包括台基和塔刹，全塔高达67米，比例敦厚壮硕，虽高峻而不失凝重。它的平座层在造型上特别重要，以其水平横向与各层屋檐谐调，与塔身对比，又以其材料、色彩和处理手法与塔檐对比，与塔身协调，是塔檐和塔身的必要过渡，区隔分明，交代清晰。平座更大大丰富了塔的轮廓线，同时加强了横向感：全塔六层屋檐、四层平座和两层台基共有多达12条水平线条，与大地呼应相亲，使塔稳稳当当地坐落在大地上，绝不过事突兀，平实而含蓄。释迦塔敦厚浑朴，伟然挺立在华北大地上，是中华民族伟大的民族精神的艺术体现，具有永恒的审美价值。

与释迦塔相比，上海龙华塔的细高比很小，塔刹更挺然高举，约占全塔高的1/5，清丽玲珑，秀美可爱，与江南风物十分合拍。龙华塔与释迦塔一起，是南北建筑风格最典型的代表。砖石结构的楼阁式塔有两种方式，一种比较简洁，只是大体模仿木结构，如河北定县开元寺塔；一种相当精细地模仿木塔，如泉州开元寺双塔。后者因过于形似木塔，往往失去砖石建筑本身应有的比例权衡，效果并不太好。

2. 密檐式塔

所谓密檐式塔，与楼阁式塔的最大区别是后者檐下部有一层相当于楼阁层高的塔身，前者没有塔身，层层密檐相接。建于北魏正光四年（公元523年）的河南登封嵩岳寺塔，是中国现存最早的塔，也是惟一一座12角平面的塔，砖建，即为密檐式。塔全高约40米、在比例颇高的塔身上有15层檐层层密接。嵩岳寺塔各檐檐端连成一条非常柔和丰圆呈抛物线形的外轮廓线，饱满韧健，似乎塔内蕴藏着一种勃勃生气。

密檐式塔实际也是中国的楼阁与印度Stupa的结合。原来在印度Stupa的顶上竖有一根立杆，杆上通常串连三五个盖，形如树冠，是古印度大树崇拜的表现，也代表佛教的佛、法、僧三宝，称为"相轮"。以后相轮层数加多，有时竟多达十几层。密檐式塔的层层密檐，其实就是相轮的演化，只是以楼阁的重重屋檐来代替罢了，显然也是民族化的另一途径。

通过这个例子，我们可以知道，中国自古以来就不排斥外来文化，而是把它作为一种营养，结合自己的需要和自己的文化传统加以触会贯通。

唐代密檐式塔以河南登封法王寺塔（约8世纪）为代表。平面方形，与楼阁相近，是此种塔进一步民族化的表现。密檐15层，轮廓仍然曲柔有度，中部微凸，上部收分缓和，整体成极为柔和的弧线，使之挺拔而不失匆促。比例既不过于瘦高、又不失峭拔的风度。

五代至宋辽密檐式塔主要盛行于华北及东北，江南只有一座，即南京栖霞寺塔，建于公元937～975年。塔为八角五檐，高仅15米，各檐由整石刻成，檐下挑出比例颇深，虽大体仍模仿木构，却不失石材的本性及小塔应具的一种婀娜风度，艺术价值很高。此塔的石面上布满精美浮雕，是五代的雕刻精品。

宋辽时典型的北方密檐式塔通常的造型是：平面八角，砖砌实心，在塔身四面砌假门；基座特别繁复，首层塔身特高，上部密植层层相接，多数是13层，最上是砖砌塔刹。这是雄健和细密两种风格的奇妙组合，一方面，高大的基座、高峻而劲挺的第一层塔身、上部密接的层层横线和敦厚的塔刹以及整体凝重雄伟的体态，都显示了北方民族勇健豪放的气质，而与江南水乡的温婉秀丽大不相同，是契丹族人民对祖国建筑文化的贡献；另一方面，又不免于时代风尚的熏染，比起唐代密植式塔来，细部十分繁复细密。但由于前一种风格仍属主流，细密的雕饰对它并没有过多损伤，给人的总印象仍然是明朗的，是塔史上值得肯定和重视的又一收获。

北京天宁寺塔（见图7-23）是此种塔的优秀代表，八角十三层，高达58米，檐端连线微有收分，作圆和的卷煞。第一层塔身不似源影塔饰满建筑，而充填众多的佛菩萨像，代表辽塔的普遍做法。金代也多密檐式塔，多仿辽，其杰作以山西浑源圆觉寺塔与正定临济寺青塔为代表。

图7-23　北京天宁寺塔

3. 亭式塔

不管楼阁式塔还是密檐式塔，都具有多层塔檐，亭式塔则形象如亭，单层，只有一重屋檐，多为高僧墓塔。

敦煌石窟唐代壁画中的许多单层木塔都是亭式，有砖石结构，也有木结构。陕西扶风法门寺近年出土一座唐代铜塔也是亭式，与壁画所绘十分相似。

现存隋唐亭式塔实物全都是砖石结构，较重要者如山东历城神通寺四门塔（隋，公元611年）、长清灵岩寺惠崇塔（唐，公元742～755年）、河南登封会善寺净藏塔（唐，公元746年）、甘肃永靖炳灵寺石窟第3窟中心塔（唐，8世纪）、北京房山云居寺小石塔（唐，8世纪）及山东历城神通寺龙虎塔（约晚唐，9世纪末）等。

它们的形制约有三种：一种只是大体模仿木亭，本身仍保持了砖石建筑材料比例权衡，简单质朴，如四门塔和惠崇塔；另一种是较多刻出或砌出仿木构件，比例也尽量接近木亭，如净藏塔和炳灵寺塔；第三种是更施加大量浮雕装饰，愈加华丽，如云居寺小石塔和神通寺龙虎塔等。可以看出，由隋而至晚唐，显然存在着从质朴向华丽演变的趋势。

四门塔为石砌，方形，每边宽7.4米，四面开圆券门通入塔心室，塔身平素无饰。塔檐以五层石板层层伸出，有内凹轮廓，檐端平直。塔顶为层层退进，微微内凹，有精巧的石雕塔刹，与全塔的质朴形成对比。全塔高13米，不大的门洞恰当显示了全塔的真实尺度。四门塔很重视轮廓的推敲和繁简的适度对比，格调高古，时代也最早，是此种塔的珍贵作品。

惠崇塔与四门塔同类，但总高只及后者之半，塔顶多出一层较小的塔檐。

净藏塔是最早也是唐塔中极少见的八角形平面塔，总高约9.5米，塔身砌出角柱、门窗和仿木构件，忠实模仿了木结构，已趋向复杂。

炳灵寺塔在一座方形石窟中心，方形，更形象地砌出仿木结构构件。

云居寺小石塔和神通寺龙虎塔都是石刻方塔，除较多地模仿木结构外，有更多的精美浮雕，尤以龙虎塔更为华丽，全高10.8米，在塔座上雕刻力士和飞天，塔身各面也布满浮雕，有各种佛教造像及飞龙、飞虎，拉法高妙。

可以看出，唐代楼阁式或密格式等大塔都相当简洁，并不精确地模仿木结构，也没有很多浮雕装饰，而亭式塔大都有更强的仿木结构倾向，有的还采用华丽浮雕，并且这种趋势愈

加明显。如果说，高耸入云的大塔是以其伟岸的整体造型来取胜的话，那么，那些亭式小塔则是以其更宜近观的华丽精巧而见长了。

4. 华塔

由唐到辽金，还有一种类似亭式塔，但其造型和意义都比较特殊的塔，称为华塔。最早的一座是山东历城九顶塔，可能建于中、晚唐（约9世纪），与一般亭式塔的最大不同是在亭顶耸建九座小塔：中央一座稍大，八隅各一较小，都是方形二层密檐式。

以后宋辽北方地区常可见到的华塔，通常下部都是单层亭式，上面耸立巨大塔顶，表面饰有很多莲瓣，每瓣上立一座小塔，尖顶立一较大之塔，含义是表现《华严经》所说的"莲花藏世界"。《华严经》印度龙树造，东晋时传入中国，法藏曾为武则天宣讲华严，大得宠信，正式开创了华严宗，盛唐中宗时大盛。在敦煌石窟中唐已出现根据《华严经》绘制的壁画，晚唐至宋更多。画中绘一大海，浮现一朵大莲花，花中心为毗卢舍那佛，周围有小城几十座，每一座小城代表"如微尘数"的一个小"世界"，整体就是"莲华藏世界"。可以认为，华塔的具有多重莲瓣和小塔的巨大塔顶，就是这种"世界"的立体表征，与壁画的区别只是把一座座小城改为一座座小塔。塔刹最高处的较大小塔就是毗卢舍那佛所居。

宋辽金的华塔遗留至今者尚有约10余座，造型已经成熟，如敦煌华塔、河北丰润车轴山寿峰寺塔、山西五台山佛光寺附近的果公和尚墓塔、河北正定广惠寺华塔、北京长辛店镇岗塔等，多为砖砌，个别为土塔，如敦煌华塔。

据佛教的判教体系，《华严经》是佛对已有深厚根底的菩萨所说的经，义理极为艰深，其中的"华严世界"本来全是臆说，转化为壁画和建筑，是将艰涩的文字转化为可见的造型艺术形象，所以华塔虽是建筑，实际却毫无物质功能的根据。由此可见，"建筑"虽一般地可被认为是既具有物质功能又具有精神功能，但针对某一具体建筑物而言，却又不能一概而论了。

佛塔除以上几种形制外，尚有一些次要形制，就不一一介绍了。

5. 明清佛塔

明清佛塔主要有楼阁式和密檐式，虽建造不少，就艺术创造力而言，可以说已进入衰退时期，表现为多数均属模仿之作，尤其模仿宋辽，没有太多创新。虽然如此，还是有一些新动态值得注意，如琉璃塔的出现。

此外，明清的藏传佛教喇嘛塔却忽然兴盛起来。其单塔又称瓶形塔。群塔组合则有金刚宝座塔和过街塔两种方式。在西南傣族地区，还流行小乘佛教佛塔。关于它们，本书将在"少数民族建筑艺术"中结合各少数民族的其他建筑再行介绍。

用于建筑的琉璃是指一种饰面材料，以陶为底，表面带有铅琉璃釉，依成分不同而有许多颜色。从北魏开始已使用琉璃，其后曾一度失传，至唐恢复，宋元增多，而大发展于明清，历代主要都用于宫殿的屋顶，明清尤其是清代更将其使用范围大为扩展，如琉璃牌楼、琉璃殿、琉璃门、琉璃影壁，甚至贴饰于整座佛塔表面，就是琉璃塔。琉璃工艺以山西工匠的水平最高。

早在明初即在南京大报恩寺建造过规模极大的琉璃塔，可惜现已不存。明中叶在山西洪洞广胜上寺建造的飞虹塔也是琉璃塔，清代所建琉璃塔大都与汉式藏传佛教庙宇有关。

大报恩寺琉璃塔在南京聚宝门（今中华门）外，从明永乐十年（公元1412年）起，历时近20年全部建成。大报恩寺是永乐帝朱棣为追思其蒙冤屈死的生母所建，塔巍然矗立在寺内大殿后，据记载全塔高达 32 丈 4 尺 9 寸 4 分，即 102 米。十分惊人，是可以与记载中的北魏洛阳永宁寺塔媲美的中国最高建筑，当时曾被外国人叹为世界奇迹。塔为八角九层楼阁式，内用青砖，外表面全贴琉璃。可惜此塔在 19 世纪中叶被毁。

飞虹塔在洪洞霍山山顶广胜上寺，全高约 47 米，从很远就可看见，建于明正德十年至嘉靖六年（公元 1515—1527 年）。塔位于山门、大殿之间的塔院中心，楼阁式，八角十三层，底层砖据以下有 1622 年加建的木构围廊。塔用青砖砌，通体贴以彩色琉璃面砖和琉璃瓦，在各层转角处砌角柱，各面柱间砌作仿木结构，以垂莲柱分每面为三间。正中一间砌门，沿门砌琉璃砖带，檐下或是繁复的斗拱，或是莲瓣。壁面上饰以团龙、佛教人物、宝瓶、圆形或方形的饰件等，都是琉璃浮塑。全塔以黄色为主，装饰多是绿色或黄绿交织，杂以少量蓝色。塔刹好似一座金刚宝座塔，即在正中塔刹四隅分四座小喇嘛塔。

全塔的比例权衡不甚出色，立面上下收分过急，檐端连线为一斜线，较为板滞，但就琉璃的质地、色彩和塑造技艺而言，则代表了山西传统琉璃工艺的最高水平。

清代也建造过好几座琉璃塔。以北京颐和园后山藏传佛教庙宇须弥灵境附近的多宝佛塔为代表。塔为楼阁式，八角三层，塔身较高，下两层各有重檐，顶层施以重檐琉璃，色彩以黄、绿两色为主，色彩斑斓，小巧玲珑，更像是一件工艺品。

此外，承德藏传佛教须弥福寿庙也有一座琉璃塔，在庙后部地势最高处，最下为八角形白石须弥座，周围石栏，座上木构八角围廊，覆琉璃瓦，廊顶成八角平台，也围以石栏，平台中央再起八角七层楼阁式塔，总高约 40 米。塔本身造型一般，台大塔细，不相匹配。

北京香山宗镜大昭庙的塔与须弥福寿庙的琉璃塔形式完全相同，修造的目的与时间也一样。

总的来说，琉璃塔虽曾为明清佛塔带来一点光彩，但除了华丽斑斓以外，并未挽回佛塔的颓势。中国佛塔，在清代已最终划上了句号。

三、厅、堂、轩

厅与堂在私家园林中一般多是园主进行各种享乐活动的主要场所。从结构上分，用长方形木料做梁架的一般称为厅，用圆木料者称为堂。

厅又有大厅、四面厅、鸳鸯厅、花厅、荷花厅、花篮厅。大厅往往是园林建筑中的主体，面阔三间五间不等。面临庭院的一边，柱间安置连续长窗（隔扇）。在两侧墙上，有的为了组景和通风采光，往往也开窗，既解决了通风采光的要求，又成为很好的取景框，构成活的画面，如苏州留园中的五峰仙馆等。也有的厅为了四面景观的需要，四周围以回廊、长窗装于步柱之间，不砌墙壁，廊柱间设半栏坐槛，供坐憩之用，如苏州拙政园的远香堂。

鸳鸯厅如留园的林泉耆硕馆，厅内以屏风、落地罩、纱隔，将厅分为前后两部分，主要一面向北，大木梁架用方料，并有雕刻。向南一面为圆料，无雕刻装饰。整个室内装饰陈设雅静而又富有。平面面阔五间，单檐歇山顶，建筑的外形比较简洁、朴素、大方。

花厅，主要供起居、生活或兼作会客之用，多接近住宅。厅前庭院中多布置奇花异草，创造出情意幽深的环境，如拙政园的玉兰堂。

荷花厅为临水建筑，厅前有宽敞的平台，与园中水体组成重要的景观。如苏州怡园的藕香榭、留园的涵碧山房等，皆属此种类型。

花厅与荷花厅室内多用卷棚顶。花篮厅的当心步柱不落地，代以垂莲柱，柱端雕花篮，梁架多用方木。

馆与轩实属厅堂类型，有时置于次要位置，以作为观赏性的小建筑。如留园的清风池馆，网师园的竹外一枝轩等。《园冶》中说得好："轩式类车，取轩欲举之意，宜置高敞，以助胜则称"。意思是轩的式样类似古代的车子，取其高敞而又居高之意（车子前面坐驾驶者的部位较高）。轩建于高旷的地方对于景观有利，并以此相称。

第五节　中国园林建筑艺术的美学思想

一、飞动之美

中国古代工匠喜欢把生气勃勃的动物形象用到艺术上去。这比起西方来，就很不同。西方建筑上的雕刻，多半用植物叶子构成花纹图案。中国古代雕刻却用龙、虎、鸟、蛇这一类生动的动物形象，至于植物花纹，到唐代以后才逐渐兴盛起来。

在汉代，不但舞蹈、杂技等艺术十分发达，就是绘画、雕刻，也无一不呈现一种飞舞的状态。图案画常常用云彩、雷纹和翻腾的龙构成，雕刻也常常是雄壮的动物，还要加上两个能飞的翅膀。充分反映了汉民族在当时的前进的活力。这种飞动之美，也成为中国古代建筑艺术的一个重要特点（见图7-24）。

图7-24　中国古典建筑的飞动之美

《文选》中有一些描写当时建筑的文章，描写当时城市宫殿建筑的华丽，看起来似乎只是夸张，只是幻想，其实不然。我们现在从地下坟墓中发掘出来的实物材料，就有那些颜色华美的古代建筑的点缀品，说明《文选》中的那些描写，是有现实根据的，离现实并不是那么远的。我们看《文选》中一篇王文考作的《鲁灵光殿赋》。这篇赋告诉我们，这座宫殿内部的装饰，不但有碧绿的莲蓬和水草等装饰，尤其有许多飞动的动物形象。有飞腾的龙，有愤怒的奔兽，有红颜色的鸟雀，有张着翅膀的凤凰，有转来转去的蛇，有伸着颈子的白鹿，有伏在那里的小兔子，有抓着椽在互相追逐的猿猴，还有一个黑颜色的熊，背着一个东西，蹲在那里，吐着舌头。不但有动物，还有人。一群胡人，带着愁苦的样子，眼神憔悴，面对面跪在屋架的某一个危险的地方。上面则有神仙、玉女，"忽瞟眇以想象，若鬼神之仿佛。"在作了这样的描写之后，作者总结道："图画天地，品类群生，杂物奇怪，山神海灵，写载其状，托之丹青，千变万化，事各胶形，随色象类，曲得其情。"这简直可以说是谢赫六法的先声了。

不但建筑内部的装饰，就是整个建筑形象，也着重表现一种动态，中国建筑特有的"飞檐"，就是起这种作用。根据《诗经》的记载，周宣王的建筑已经像一只野鸡伸翅在飞（《斯干》），可见中国的建筑很早就趋向于飞动之美了。

二、空间的美感之一

建筑和园林的艺术处理，是处理空间的艺术（见图 7 - 25）。老子就曾说："凿户牖以为室，当其无，有室之用。""室之用"是由于室中之空间。而"无"在老子又即是"道"，即生命的节奏。

图 7 - 25　中国古典园林的空间处理

中国的园林是很发达的。北京故宫三大殿的旁边，就有三海，郊外还有圆明园、颐和园等，这是皇帝的园林。民间的老式房子，也总有天井、院子，这也可以算作一种小小的园林。例如，郑板桥这样描写一个院落："十笏茅斋，一方天井，修竹数竿，石笋数尺，其地无多，其费亦无多也。而风中雨中有声，日中月中有影，诗中酒中有情，闲中闷中有伴，非唯我爱竹石，即竹石亦爱我也。彼千金万金造园亭，或游宦四方，终其身不能归享。而吾辈欲游名山大川，又一时不得即往，何如一室小景，有情有味，历久弥新乎？对此画，构此境，何难敛之则退藏于密，亦复放之可弥六合也。"（《板桥题画竹石》）我们可以看到，这个小天井，给了郑板桥这位画家多少丰富的感受！空间随着心中意境可敛可放，是流动变化的，是虚灵的。

宋代的郭熙论山水画，说"山水有可行者，有可望者，有可游者，有可居者。"（《林泉高致》）可行、可望、可游、可居，这也是园林艺术的基本思想。园林中也有建筑，要能够居人，使人获得休息，但它不只是为了居人，它还必须可游，可行，可望。"望"最重要。一切美术都是"望"，都是欣赏。不但"游"可以发生"望"的作用（颐和园的长廊不但引导我们"游"，而且引导我们"望"），就是"住"，也同样要"望"。窗子并不单为了透空气，也是为了能够望出去，望到一个新的境界，使我们获得美的感受。

窗子在园林建筑艺术中起着很重要的作用。有了窗子，内外就发生交流。窗外的竹子或青山，经过窗子的框框望去，就是一幅画。颐和园乐寿堂差不多四边都是窗子，周围粉墙列着许多小窗，面向湖景，每个窗子都等于一幅小画（李渔所谓"尺幅窗，无心画"）。而且同一个窗子，从不同的角度看出去，景色都不相同。这样，画的境界就无限地增多了。

明代有一首小诗，可以帮助我们了解窗子的美感作用。"一琴几上闲，数竹窗外碧。帘户寂无人，春风自吹入。"这个小房间和外部是隔离的，但经过窗子又和外边联系起来了。没有人出现，突出了这个小房间的空间美。这首诗好比是一幅静物画，不但走廊、窗子，而且一切楼、台、亭、阁，都是为了"望"，都是为了得到和丰富对于空间的美的感受。颐和园有个匾额，叫"山色湖光共一楼"。这是说，这个楼把一个大空间的景致都吸收进来了。左思《三都赋》："八极可围于寸眸，万物可齐于一朝。"苏轼诗："赖有高楼能聚远，一时收拾与闲人。"就是这个意思。颐和园还有个亭子叫"画中游"。"画中游"，并不是说这亭子本身就是画，而是说，这亭子外面的大空间好像一幅大画，你进了这亭子，也就进入到这幅大画之中。所以明人计成在《园冶》中说："轩楹高爽，窗户邻虚，纳千顷之汪洋，收四时之烂漫。"

这里表现着美感的民族特点。古希腊人对于庙宇四围的自然风景似乎还没有发现。他们多半把建筑本身孤立起来欣赏。古代中国人就不同。他们总要通过建筑物，通过门窗，接触外面的自然界。"窗含西岭千秋雪，门泊东吴万里船"（杜甫）。诗人从一个小房间通到千秋之雪、万里之船，也就是从一门一窗体会到无限的空间、时间。像"山川俯绣户，日月近雕梁。"（杜甫）"檐飞宛溪水，窗落敬亭云。"（李白）都是小中见大，从小空间进到大空间，丰富了美的感受。外国的教堂无论多么雄伟，也总是有局限的。但我们看天坛的那个祭天的台，这个台面对着的不是屋顶，而是一片虚空的天穹，也就是以整个宇宙作为自己的庙宇，这是和西方很不相同的。

三、空间的美感之二

为了丰富空间的美感，在园林建筑中就要采用种种手法来布置空间，组织空间，创造空间，例如借景、分景、隔景等（见图7-26）。其中，借景又有远借、邻借、仰借、俯借、镜借等。

玉泉山的塔，好像是颐和园的一部分，这是"借景"。苏州留园的冠云楼可以远借虎丘山景，拙政园在靠墙处堆一假山，上建两宜亭，把隔墙的景色尽收眼底，突破围墙的局限，这也是"借景"。颐和园的长廊，把一片风景隔成两个，一边是近于自然的广大湖山，一边是近于人工的楼台亭阁，游人可以两边眺望，丰富了美的印象，这是"分景"。《红楼梦》小说里大观园运用园门、假山、墙垣等，造成园中的曲折多变，境界层层深入，像音乐中不同的音符一样，使游人产生不同的情调，这也是"分景"。颐和园中的谐趣园，自成院落，另辟一个

图7-26　园林借景

空间，另是一种趣味。这种大园林中的小园林，叫做"隔景"。对着窗子挂一面大镜，把窗外大空间的景致照入镜中，成为一幅发光的"油画"。"隔窗云雾生衣上，卷幔山泉入镜中"（王维诗句）。"帆影都从窗隙过，溪光合向镜中看"（叶令仪诗句）。这就是所谓"镜借"了。"镜借"是凭镜借景，使景映镜中，化实为虚（苏州怡园的面壁亭处境偏仄，乃悬一大镜，把对面假山和螺髻亭收入镜内，扩大了境界）。园中凿池映景，亦此意。

　　无论是借景、对景，还是隔景、分景，都是通过布置空间、组织空间、创造空间、扩大空间的种种手法，丰富美的感受，创造了艺术意境。中国园林艺术在这方面有特殊的表现，它是理解中华民族的美感特点的一项重要的领域。概括说来，当如沈复所说的："大中见小，小中见大，虚中有实，实中有虚，或藏或露，或浅或深，不仅在周回曲折四字也"（《浮生六记》）。这也是中国一般艺术的特征。

第八章 园林艺术论著——《园冶》

我国明代不仅造园活动有较大的发展，造园理论也有许多值得我们今天借鉴和学习的地方，特别是计成所著，并于崇祯七年（公元1634年）刊版印行的《园冶》一书，可以说是我国第一本园林艺术理论的专著。

《园冶》（图8-1）作者计成字无否，江苏吴江县人，生于明万历十年（公元1582年）。他不仅能以画意造园，而且也能诗善画，他主持建造了三处当时著名的园林——常州吴玄的东帝园、仪征汪士衡的嘉园和扬州郑元勋的影园。

《园冶》是计成将园林创作实践总结提高到理论的专著，书中既有实践的总结，也有他对园林艺术独创的见解和精辟的论述，并有园林建筑的插图235张。《园冶》采用以"骈四骊六"为其特征的骈体文，是一部历史上的重要造园专著，在文学上也有其一定的地位。

《园冶》共三卷，卷一的"兴造论"和"园说"是全书的立论所在，即造园的思想和原则，后有《相地》、《立基》、《屋宇》、《装折》、《门窗》、《墙垣》、《铺地》、《掇山》、《选石》、《借景》十篇。在十篇的论述中，《相地》、《立基》、《铺地》、《掇山》、《选石》、《借景》篇是专门论述造园艺术的理论，也是全书的精华所在。特别是《相地》、

图8-1

《掇山》、《借景》更是该书精华的精华，而《屋宇》、《装折》、《门窗》、《墙垣》则着重建筑艺术的具体论述。

《园冶》一书的精髓，可归纳为"虽由人作，宛自天开"，"巧于因借，精在体宜"两句话。这两句话的精神贯穿于全书。

"虽由人作，宛自天开"，说明造园所要达到的意境和艺术效果。计成处于封建社会的后期，所以在《园冶》中，属于封建士大夫阶层闲情逸趣的内容很多。如何将"幽"、"雅"、"闲"的意境营造出一种"天然之趣"，是园林设计者的技巧和修养的体现。以建筑、山水、花木为要素，取诗的意境作为治园依据，取山水画作为造园的蓝图，经过艺术剪

裁，以达到虽经人工创造，又不露斧凿的痕迹。例如在园林中叠山，就"最忌居中，更宜散漫"。

亭子是园林中不可少的建筑，但"安亭有式，基立无凭"。建造在什么地方，如何建造，要依周围的环境来决定，使之与周围的景色相谐调，使环境显得更丰富自然。例如在厅堂前置山，"耸起高高三峰，排列于前"，那就是败笔。

长廊是游览的路线，"宜曲宜长则胜"。要"随形而弯，依势而曲，或蟠山腰，或穷水际，通花渡壑，蜿蜒无尽"。楼阁必须建在厅堂之后，可"立半山半水之间"，"下望上是楼，山半拟为平屋，更上一层，可穷千里目也"。

造园不是单纯地模仿自然，再现原物，而是要求创作者真实地反映自然，又高于自然。尽可能做到使远近、高低、大小互相制约，达到有机的统一，要体现出大地的多姿。它有的似山林，有的似水乡，有的庭院深深，有的野味横溢，各具特色。如苏州拙政园，经过造园家的巧妙布置，这一带原来的一片洼地便形成了池水迂回环抱，似断似续，崖壑花木屋宇相互掩映、清澈幽曲的园林景色，真可谓"虽由人作，宛自天开"的佳作。

"巧于因借，精在体宜"是《园冶》一书中最为精辟的论断，亦是我国传统的造园原则和手段。"因"是讲园内，即如何利用园址的条件加以改造加工。《园冶》说："因者，随基势高下，体形之端正，碍木删桠，泉流石注，互相借资；宜亭斯亭，宜榭斯榭，不妨偏径，顿置婉转，斯谓'精而合宜'者也"。

而"借"则是指园内外的联系。《园冶》特别强调借景"为园林之最者"。"借者，园虽别内外，得景则无拘远近"，它的原则是"极目所至，俗则屏之，嘉则收之"，方法是布置适当的眺望点，使视线越出园垣，使园之景尽收眼底。如遇晴山耸翠的秀丽景色，古寺凌空的胜景，绿油油的田野之趣，都可通过借景的手法收入园中，为我所用。这样，造园者巧妙地因势布局，随机因借，就能做到得体合宜。

《园说》是全书的总论，作者从造园艺术出发，就园林所要达到的意境做了描绘，其中最为精辟的莫过于"虽由人作，宛自天开"了。它是中国古代园林设计的一个纲，也是人们评价一个园林艺术作品的重要信条，两篇文字都不长，但言简意深。

造园设计是要创造一种意境的，为着创造这种幽、雅、闲的意境，造成一种"天然之趣"，《园冶》把园址的选择（"相地篇"）作为造园的第一件事，因为它是造园设计的基础和根据。

"相地合宜"则"构园得体"。用我们今天的话来说，即选址要合理。园址有山林地、村庄地、郊野地、江湖地、城市地、傍宅地。依其天然的条件，"园地惟山林最胜"，它"有高有凹，有曲有深，有峻而悬，有平而坦，自成天然之趣，不烦人事之工"，如能结合不同特点的地形，发挥不同地形的特点，就能创作出不同特点的园林艺术作品。

如村庄地，"团团篱落，处处桑麻，凿水为壕，挑堤种柳，门楼知稼，廊庑连芸"，具有浓郁的田园风味，在城市中长久居住的人，到这种村庄地田园园林中另有一番情趣。

又如江湖地，"江干湖畔，深柳疏芦之际，略成小筑，足徵大观也"。在江边、湖边、深柳或疏芦之地，适当地而又规模不大地建造园舍，就可以取得很好的造园效果，不亚于洋洋大观，建筑太多反而会破坏了大自然原来的美。

城市地本不宜选园，但也不是绝对的，如能处理得好，却也能"闹处寻幽"，也有"得闲即诣，防兴携游"之便。

计成对十亩之地的田园如何规划也作了具体布局。他认为，3/10 开池，7/10 中以四分垒土成山，高低可以不论，栽竹最为相宜。内外景色，厅堂空旷，好似开放的绿野，叠石成山，又环篱筑成曲径，植桃李满园，直能入画。总之，造园设计就是要巧于利用园址地势的高低形状及风景资源来造景。

《立基》讲的是园林建筑的设计原则。一般园林应以"定厅堂为主"，首先考虑取景，适以南向为宜，其余亭台可以"格式随宜"。主体建筑定了，那么下一步便是"筑垣须广，空地多存，任意为持，听以排布，择成馆舍，余构亭台，格式随宜，栽培得致。……开土堆山，沿池驳岸；曲曲一湾柳月，濯魄清波，遥遥十里荷风；递香幽室……池塘倒影，拟入鲛宫。一派涵秋，重阴结复，疏水若为无尽，断处通桥，开林须酌有因，按时架屋，房廊蜿蜒，楼阁崔巍，动江流天地外之情，合山色有无中之句"。

《屋宇》、《装折》、《门窗》、《铺地》、《墙垣》都是园林建筑的具体内容。在《园冶》中不仅都列了专题，而且都辅以图说，为研究江南园林和明末清初的南方建筑提供了文献资料。

第三篇《屋宇》，指出了园林屋宇的特色和单体建筑的营建。单体建筑的设计首先从平面布置着手，然后设计立面。屋宇的结构有五架梁、七架梁、九架梁；草架、重椽磨角的结构，与现存江南常见的梁架相吻合。

第四篇《装折》，即内檐装修，如屏门、移动的隔扇、门窗等装修，是中国建筑分隔空间及内外的活动构件，起到空间的分割与联系等作用。

第五篇《门窗》，这里专指墙上的门窗框洞。"门窗磨空，制式时裁，不惟屋宇翻新，斯谓园林遵雅。工精虽专瓦作，调度犹在得人，触景生奇，含情多致，轻纱环碧，弱柳窥青。伟石迎人，别有一壶天地；修筱弄影，疑来隔水笙簧。佳景宜收，俗尘安到。切忌雕楼门空，应当磨琢窗垣；处处邻虚，方方侧景"。既讲出了门窗的做法与原则，又把门窗在园林室内外空间隔与联，用门窗造成室内外空间的渗透等作了意境深刻的分析。

第六篇《墙垣》，"凡园之围墙，多于版筑，或于石砌，或编篱棘。夫编篱斯胜花屏，似多野致，探得山林趣味。如内花端水次，夹径环山之垣，或宜石宜砖，宜漏宜磨，各有所制，从雅尊时，令人欣赏，园林之佳境也"。计成认为园内的花前、水边、路旁和环山的围墙，或石叠，或砖砌，或宜砖墙，或宜磨砖，材料方法，各有不同，但总的必须"从雅遵时"合于园林环境。那种把园林的围墙任凭工匠雕成花草、禽鸟、神仙、怪兽之类，以为巧制，反而不美，有损于园林意境，即使在宅堂中应用，也不能成功。他的这种审美观点，对我们今天的造园活动是非常有益的。

第七篇《铺地》，篇首较长，主要把铺地的道理讲了出来。总的原则是铺街砌地，与花园住宅略有不同。只有厅堂大厅中铺地一概用磨砖；而小径弯路，长砌多用乱石；庭院中多用连叠的胜形花纹，近阶也可用回文。

八角嵌方，又选鹅石铺地，宛如蜀锦。锦条以瓦片砌成，台面以石板铺平，花间吟诗，则地堪当席，月下饮酒，则石似铺毡，废瓦片也能得时当作湖石削铺，宛似波涛汹涌；破方砖可供大用，磨制成型，拼成花纹，如冰裂纷坛。路径的铺砌看来是平常之工，铺砌得好，就使得庭阶不落俗套。如此铺砌，犹似足下生莲花，美人从景中走出；翠拾林深处，眷情又何处来。花木间的窄路最好铺石，厅堂周围的空地当应铺砖。计成还认为"园林砌路，惟小乱石砌如榴子者，坚固而雅致，曲折高卑，从山摄壑，惟斯如一，有用鹅石间纹砌路。尚且不坚易俗"。而用乱青板石成冰裂纹的方法，宜铺在山崖、水坡、台前、亭边，"意随人活，法砌似无拘格，破方砖磨铺犹佳"。

第八篇《掇山》。山石是中国园林中的重要内容，石块处处有，而山林之妙主要在于设计者胸中要有真山的意境，然后通过概括、创造，使假山的形象有逼真的感觉，也就是"有真为假做假成真"，"多方胜景，咫尺山林，妙在得乎一人，雅从兼于半土"。

掇山之法首先要掌握石性——形态、色泽、纹理、质地，而作不同的用处。石性有坚、润、粗、嫩等，形有漏、透、皱、顽等，体有大小等，色有黄、白、灰、青、黑、绿等。然后依其性，或宜于治假山，或宜于点盆景，或宜于做峰石，或宜于掇山景；或插立可观，或铺地如锦，或植乔松奇卉下，或列园林广榭中。"立根铺以峰石，大块满盖椿头"，然后"渐以皱文而加"使造型"瘦漏生奇、玲成安巧。峭壁贵于直立，悬崖使其后坚。岩、峦、洞、穴之莫穷，涧、壑、坡、矶之俨是"，"路径盘且长，峰峦秀而古"。

《园冶》列举的掇山之法可造出十七种山景之多，如"园中掇山，……而就厅前一壁，楼面三峰而已，是以散漫理之，可得佳境也"。计成认为园中掇山，一般只就厅前作成一个壁山，或者楼前掇上三峰而已，如能布置得疏落有致，必能创造出优美的境界。

（1）对于厅山，"人皆厅前掇山，环境中耸起高高三峰，排列于前，殊为可笑。加之以亭，及登（登临），一无可望，置之何益？更加可笑。以予见：（依我看）或有嘉树，稍点玲珑石块，不然墙中嵌理（装做）壁崖，或顶植卉木垂蔓，似有深境也"。

（2）关于楼山，"楼面掇山，宜最高才入妙，高者恐逼于前，不若远之，更有深意"。他的意思说得明白，楼前掇山宜高，也能引人入胜，但过高又有逼近楼前之感，如稍远一点，颇出深远之意。

（3）阁山。"阁皆四敞也，宜于山侧，坦而可上，便以登眺，何必梯之"。计成认为四面开敞的园林建筑——阁，宜建于山旁，而且要平坦易上，便于登阁远望，其内部当然没有再设楼梯的必要了。

（4）书房山。"凡掇小山，或依嘉树卉木，聚散而理，或悬崖峻壁，各有别致，书房中最宜者。更以山石为池，俯于窗下，似得壕濮间想"。房前窗下山石构砌，一池清水，使人意趣无穷。

（5）池山。"池上理山，园中第一胜也，若大若小，更有妙境。就水点其步石，从巅架以飞梁；洞穴潜藏，穿崖径水，峰峦飘渺，漏月招云；莫言世上无仙，斯住世瀛壶也"。真可说是人间的仙境了。

（6）内室山。"内室中掇山，宜坚宜峻，壁立岩悬，令人不可攀。宜坚固者，恐骇戏之预防也"。室内假山峻拔壁立岩悬，人不能登攀，做坚固些以防儿童游戏出事故。

（7）峭壁山。"峭壁山者，靠壁理也。藉以粉壁为纸，以石为绘也。理者相石皱纹，佩古人笔意，植黄山松柏、古梅、美竹，收圆因窗"。望去，就如欣赏一幅立塑的画，宛如镜游祖国的大好山水，妙极。

（8）山石池。"山石理池，予始创者"。将山石布置成池，计成说这是我创造的方法。对园地较小的宅园，计成有简单易行的办法，那就是用金鱼缸。他说："如理山石池法，用糙缸一只，或两只，并排作底，或埋、半埋，将山石周围理其上，仍以油灰抿固缸口。如法养鱼胜缸中小山"。

（9）关于峰峦洞崖瀑布等理法，计成都有极为精辟的见解，他认为"峰石一块者，相形何状（看其形状），选合峰纹石，令匠凿笋眼为座，理宜上大下小，立之可观，或峰石两块三块拼掇，亦宜上大下小，似有飞舞势"。

（10）峦的叠法，"山头高竣也，不可齐，亦不可笔架式，或高或低，随致乱掇，不排比为妙"。即掇山成峰峦，不可作笔架式，而应疏落有致，切忌呆板。

（11）岩。"如理悬岩，起脚宜小，渐理渐大，乃高，使其后坚能悬。斯理法古来罕者，如悬一石，亦悬一石，再之不能也。予以平衡法，将前悬分散后坚，仍以长条堑里石压之，能悬数尺，其状可骇，万无一失"。

计成认为掇山有水方妙。"假山以水为妙，倘高阜处不能注水，理涧壑无水，似有深意"。这种干涧的做法，虽然无水，但使人感到意味深远。

第九篇《选石》，"取巧不但玲珑，只宜单点，求坚还从古拙，堪用层堆。须先选质，无纹俟后，依皴合掇，多纹恐损，垂窍当悬"。他还认为古人称湖石好，好事者只知花石之名，门外汉哪知黄山之美，小型假山可仿倪云林的稿本，大型山则可取黄于久的笔法。这既说明选石的方法，也说明我国古典园林中选石掇山与石绘画的密切关系。他还主张，选石应尽量就地取材，近处没有的，再图远求。

第十篇《借景》，这也是结束篇。计成认为，园林的造法虽无一定格局，但要"借只有因，切要四时"，"高原极望，远岫环屏，堂开淑气侵入，门引春流到泽"，"顿开尘外想，拟入画中行。林阴切出莺歌，山曲忽闻樵唱，风生林樾，境入羲皇。……湖平无际之浮光，山媚可餐之秀色"。

借景，是园林艺术创作中最重要的原则。借景不拘"远、邻、仰、俯"，更不分"春、夏、秋、冬"，要把自己的视野展开，并加上自己的听觉、嗅觉，去尽情地享受耳目所及的大自然中一切美好的东西——草木、花香、岛语、虫鸣、湖光山色、田畴绿野、晴峰塔影、梵宇钟声及四季景物的变化等。"因借无出，触俏俱是"，"然物情所逗，目寄心期，似意在笔先，庶几描写之尽哉"。

园林意境创作如同绘画，必须意在下笔之先，先构思出极好的腹稿，才能创作出极尽美景的园林艺术空间。

园林绿化是造园的极重要的方面，是园林的生命所在。可以说，没有树木花草，也就没有园林，而《园冶》一书对此论述甚少。

水同样是园林的生命所系，没有水，同样不能称其为园林。而书中没有讲到"理水"，所以从造园学的全面内容来看该书是有局限性的，但它仍不失为一本很有价值的关于中国造园学的教科书。

第九章 我国古典园林的造园手法及艺术特色

中国古典园林中最有艺术价值、最具有哲理内涵的，应当是江南私家园林。甚至有好多皇家园林和寺庙园林，也多借鉴江南私家园林手法。例如北京颐和园中的谐趣园，就是借鉴于无锡的寄畅园。

园林是一种艺术对象，其艺术性就在于组成园林的各个部分，如园林中的建筑、山石、池水、林木、铺地、墙垣、路、桥等，并按一定的艺术手法组成种种美的景观。

园林作为一种艺术对象，其手法有多种多样，如总体布局、叠山理水、林木花、各类建筑、铺地路桥以及各种组景手法。

园林总体形象可谓园之命脉。要塑造好园林，首先须确立这个园的主题，是以池水为主还是以山石为主，以林木为主还是以花为主。或者还有园林文化的主题。如苏州的网师园，其实是在意象"网师"（即渔翁）之情趣。"渔、樵、耕、读"，"琴、棋、书、画"之类，常为文人园之主题。也或者像苏州的留园，意象的是庐山之景；扬州之个园，则无疑以竹为主题了。

有了主题，还须有实现此主题的具体手法。手法有多种多样，但最重要的，先须分景区。园分几个景区，如何分法，是构造园之首要。景区确定，才能对每个景区进行细分细琢磨。如何分区？手法很多，如上海豫园，以云墙来分景区；苏州怡园，用复廊来分景区。

叠山理水是园林艺术中十分关键的部分。有些人不懂得如何叠假山，一知半解，不分黄石、湖石，不分虚实、层次，不讲究轮廓造型，胡乱堆在一起，难成体统。现在的建筑和环境设计，多出图纸按图施工，但假山的设计和施工，不能这么机械地做。假山的设计当然要懂得美之所在，石头是不规则的，难绘图纸，必须在现场指点堆山方成。有的匠人手艺高强，你给他说出做假山的基本要求、形式和气质之大概，他就能理解，而且叠得如意称心。可惜真正能叠好假山的匠人，如今比较少了。如何把这些可贵的艺术经验代代相传，是个令人忧虑的问题。

理水要懂得水的艺术。人堆的山称假山，但园林中水池不说"假水"。可是园林之水，其实也是由人工构造而成的，池水的形状、水岸的构筑，都是人为的。人为之水，要做得自然，是湖若溪，必须有一定的艺术手法。

苏州园林的水池形状，多为不规则形的；绍兴家宅中的水池形状，多为方直形的，为什么？这是文化的原因。中国园林中的水池，水面总是平静无波澜的，这又是为什么？其道理也在文化。

园林之水，既然意象的是自然之水，所谓江河湖泊之属，因此水应当是活的，要做得有源有流。苏州网师园内的大水池，其东南、西北两处，水潜入水湾岸缝，有不尽之意，谓之来龙去脉。

园林面积不大，多为数亩之地。私家园林，最多亦不过数十亩（苏州拙政园占地78亩），若要做出大河大湖之感，就须有手法。理水手法有句话："水聚，汪洋之感；水散，不尽之意。"意思是说，若要有大江大河之汪洋感，水面要集中；反之，则宜分散布置，成小溪小池，以耐人寻味。

西方园林，往往把树木排列起来，很整齐，而且每颗树修剪得很整齐。把树剪成方形的、球形的人工味很多。我国园林之中的林木，则以自然为原则，所谓取其自然，顺其自然。在中国古代园林中，几乎没有一颗树被剪成球形或方形的。顺其自然，松像松、樟像樟、女贞像女贞。这就是审美情趣，我们欣赏它的生生不息、欣欣向荣之活气。

林木与园景，总是一体化来布置，什么地方要丛木，什么地方须植单株，何种树要群植，何种树要宜独植，都有讲究。如苏州拙政园中的海棠春坞，园内有大树，榆枸连柯，十分罕见，今已亭亭如盖；而远香堂对面的小岛上则林木浓郁，有丛林之感。

园林中的建筑，其实也和树木一样，自然得体，不同于住宅，都是严谨的中轴线四合院。苏州怡园中的建筑，顺着水池自由自在地布置。苏州园林中的廊，曲曲折折，看似无规则，但却是应"自然"二字，而且这种曲折变化，均与观景有关，妙在其中。

园林艺术，贵在组景。组景种类甚多，如借景、对景、障景、框景等等。景之优，自有组景手法来审美。

明代造园家计成，在《园冶》中说到："梧荫匝地，槐荫当庭；插柳沿堤，栽梅绕屋；结茅竹里，浚一派之长源；障锦山屏，列千寻之耸翠，虽由人作，宛自天开。"其意为梧桐遍地，林木葱郁；庭中植大槐，使夏日之庭院产生阴影；沿堤植柳，绕屋种梅。宅舍旁有竹林，前有流水，对岸则有青翠的山屏。这些由人所作的园景，如同理想的自然景观。这就是构园的最根本的准则。

人作之园，贵在自然，从根本上说，这就是人的本性之需求，所以园之主旨便在"自在"二字。我国的民宅，往往是中轴线四合院分进布局，大宅子不但中轴线上有四、五进，而且还不只是一条中轴线，有的大宅分三、四条中轴线，这种住宅形式，出于家族、伦理的需要。但对人来说，则显得拘束而无生气了。所以我国古代有好多住宅，在其宅旁造花园，有的前宅后园（如苏州的留园、扬州的何园），有的东宅西园（如苏州的网师园）。园中之建筑布局，则自由自在。"随曲合方，是在主者，能妙于得体合宜，未可拘率。"（《园冶》）不必拘泥于整齐、方直。如苏州拙政园，其中建筑如散落于园中，无中轴线的严肃无情之虞。建筑又与自然混成一体，如扬州的个园，那座"壶天自春"楼房与假山竟合为一个整体，借山而登楼，又倚楼而下山。建筑、人、自然，和谐得体，我们能在此寻找到真正的"自我"。临水建筑也同样，经造园者的巧妙构思，令人仿佛置身于自然水际，惬意至极。

园林令人舒心，这也正是造园的目的所在。但园林能有这种情趣，还要有具体手法才能实现。在众多的造园手法中，园林的布局（手法）是第一重要的。园林布局，犹如总体设计，所以先须理清园林内的基本形态和大小，园林的出入口在何处，园林四周的情况又如何。

园内基本形态，是指地基的形状，平整或者有起伏，有无水面，地形是方正还是不规则的、长条形的等。苏州拙政园地势低洼，所以造园时用了许多水面。苏州的怡园，其地形是东西长，南北狭；中间宽，两头窄，因此造园布局，便将主体置于中间，以大水池为中心，池南主体建筑藕香榭，池水山石，形成对景。从分区来说（园址大，须分区布局），一分为三，从入口至复廊为前园，以小空间为主，巧妙地利用建筑的隔挡、通透，小院围合，自成一格；从复廊至面壁亭为中部，这里视野开阔，气宇轩昂，为怡园之中心空间；从面壁亭一直向西至湛露堂，又为小空间，这里以画舫斋为中心，并用围墙相隔，将湛露堂隔出园外，从小门入，里面形成更小的空间，宜于静养（原为家祠）。

苏州的网师园是典型的东宅西园布局。园中又分东、西两部分，东大西小，东部以大水池为中心来布局：东有射鸭廊，北有竹外一枝轩，西有月到风来亭，南有濯缨水阁。四面建筑均临水，有垂钓之意。但东部园景其实还可以分南北两部分，北以大水池为中心，南则以小山丛桂轩为中心，有蹈和馆、琴室等，形成一个建筑群。过了月到风来亭，便是西区，这里空间狭小，北有殿春簃，南有假山和冷泉亭，小巧、秀雅、静谧。原来此处是书斋之空间。

南京的瞻园，其地形与苏州怡园相反，是南北狭长的。入口在花园的东南角上，进园后，东为建筑物，西为山石池水，形成对比，但皆小巧雅致。向北到静妙堂，这是园中的主体建筑，而且它又是分隔园区之物，将瞻园分为两部分。堂之北有大水池，池东设曲廊，池西设山亭，池北大假山，景观丰富而有变化。这些都是造园主人之匠心了。所以计成在《园冶》中说："三分匠，七分主人"。

无论是南京的瞻园，苏州的怡园、留园、拙政园，或是扬州的个园等，它们的入口都做得很狭小，似乎很不起眼，这又是文人之趣。东晋的陶渊明在《桃花源记》中说："林尽水源，便得一山。山有小口，仿佛若有光。便舍船，从口入，初极狭，才通人。复行数十步，豁然开朗。"这种境界，多为文人向往之。而它也确实有园林艺术之效果，即"小中见大"。因为园林是大自然之意象，要做得有"神似"，非如此处理不可。

上海的豫园，其总体布局别具一格。包括"内园"在内，全园共分五个景区，这些景区之间都用围墙相隔。入豫园大门为第一景区，这里有三穗堂、卷雨楼及大假山等。过了东侧的"峰回路转"，便是第二景区，此处以万花楼为主要建筑。第三景区在其东边，这里以点春堂为主体，有打唱台、和煦堂、快楼等建筑。然后就是位于其南的一个大景区，这里有九狮轩、会景楼、玉华堂等建筑，还有名石"玉玲珑"等。最后景区就是位于最南端的内园。以墙为景区之分隔物，本为构园之大忌；但它却把这些墙做成云墙形式，墙脊起伏，又做出五条游龙形状，成了很好的景致，这可谓造园者之匠心了。

园林的总体布局，还须注意游线。游线可称为园林之游动的轴线，故一须自然流畅，二须结合景观，有收有放，有节奏性，而且景与景也须有过渡，符合游园心态。如苏州的留园，入园门后，曲曲折折一组空间，最后到古木交柯和绿荫轩，两个小院子，然后转至明瑟楼和涵碧山房，豁然开朗，沿大水池绕到五峰仙馆，再至冠云峰、林泉耆硕馆，再转至曲溪楼，回到古木交柯处。拙政园之游线，原来入口是在其中部的腰门处，入门向北至远香堂，有小飞虹、玉兰堂，过别有洞天到内园，经鸳鸯楼、留听阁至倒影楼，又回中区上见山楼，过小桥至荷风四面亭，经过小岛和石桥，至梧竹幽居，再到枇杷园后回腰门。但这种游线均有无拘无束之感。自由自在，符合游园心态。

第一节 假 山

在园林中造假山始于秦汉。秦汉时的假山从"筑土为山"到"构石为山"。由于魏晋南北朝山水诗和山水画对园林创作的影响，唐宋时园林中建造假山之风大盛，出现了专门堆筑假山的能工巧匠。宋徽宗于政和七年（公元1117年），建艮岳于汴京（今开封），并命朱力用"花石纲"的名义搜罗江南奇花异石运往汴京。自此民间宅园赏石造山，蔚成风气。造假山的手艺人被称为"山匠"、"花园子"。明清两代又在宋代的基础上把假山技艺引向"一卷代山，一勺代水"的阶段。明代的计成、张南阳，明清之交的张涟（张南垣），清代的戈裕良等假山宗师从实践和理论两方面使假山艺术臻于完善。明代计成的《园冶》、文震亨的《长物志》、清代李渔的《闲情偶寄》中均有关于假山的论述。现存的假山名园有苏州的环秀山庄、上海的豫园、南京的瞻园、扬州的个园和北京北海的静心斋、中南海的静谷等。假山具有多方面的造景功能，如构成园林的主景或地形骨架，划分和组织园林空间，布置庭院、驳岸、护坡、挡土，设置自然式花台。还可以与园林建筑、园路、场地和园林植物组合成富于变化的景致，借以减少人工气氛，增添自然生趣，使园林建筑融汇到山水环境中。因此，假山成为表现中国自然山水园的特征之一（见图9－1）。

假山艺术最根本的原则是"有真为假，做假成真"。大自然的山水是假山创作的艺术源泉和依据。真山虽好，却难得经常游览。假山布置在住宅附近，作为艺术作品，比真山更为概括、更为精炼，可寓以人的思想感情，使之有"片山有致，寸石生情"的魅力。人为的假山又必须力求不露人工的痕迹，令人真假难辨。与中国传统的山水画一脉相承的假山，贵在似真非真，虽假犹真，耐人寻味。

假山的主要理法有相地布局（即选择和结合环境条件确定山水的间架和山水形势），混假于真；宾主分明；兼顾三远（宋代画家郭熙《林泉高致》说："山有三远。自山下而仰山巅谓之高远；自山前而窥山后谓之深远；自近山而望远山谓之平远。"）；依皴合山。按照水脉和山石的自然皴纹，将零碎的山石材料堆砌成为有整体感和一定类型的假山，使之远观有"势"，近看有"质"和对比衬托，包括大小、曲直、收放、明晦、起伏、虚实、寂喧、幽旷、浓淡、向背、险夷等。在工程结构方面主要技术是要求有稳固耐久的基础，递层而起，石间互咬，等分平衡，达到"其状可骇，万无一失"的效果。假山按材料可分为土山、石山和土石相间的山（土多称土山戴石，石多称石山戴土）；按施工方式可分为筑山（版筑土山）、掇山（用山石掇合成山）、凿山（开凿自然岩石成山）和塑山（传统是用石灰浆塑成的，现代是用水泥、砖、钢丝网等塑成的假山，见岭南庭园）；按在园林中的位置和用途可分为园山、厅山、楼山、阁山、书房山、池山、室内山、壁山和兽山。假山的组合形态分为山体和水体。山体包括峰、峦、顶、岭、谷、壑、岗、壁、岩、岫、洞、坞、麓、台、磴道和栈道；水体包括泉、瀑、潭、溪、涧、池、矶和汀石等。山水宜结合一体，才相得益彰。

一、掇山

掇山是中国造园的独特传统。其形象构思是取材于大自然中的真山的峰、岩、峦、洞、穴、涧、坡等，然而它是造园家再创造的假山。用自然山石掇叠成假山的工艺过程，包括选石、采运、相石、立基、拉底、堆叠中层、结顶等工序。

图 9 - 1 苏州园林的假山处理

1. 施工程序

（1）选石。自古以来选石多着重奇峰孤赏，追求"透、漏、瘦、皱、丑"。明末造园家计成提出了"是石堪堆，遍山可采"和"近无图远"的主张。这种就地取材、创造地方特色的思想，突破了选石的局限性，为掇山取材开拓了新路。选石还可选择方正端庄、圆润浑厚、峭立挺拔、纹理奇特、形象仿生等天然石种以及利用废旧园林的古石、名石，既可减少山石资源和资金的浪费，又可避免各地掇山千篇一律的弊病。掇山常用的石品有：

1）湖石类：体态玲珑通透，表面多弹子窝洞，形状婀娜多姿，多数为石灰岩、砂积岩类。如江苏太湖石、安徽巢湖石、广东英石、山东仲宫石、北京房山石等。

2）黄石类：体态方正刚劲，解理棱角明显，无孔洞，呈黄、褐、紫等色。如江浙的黄石、华南的黄腊石、西南的紫砂石、北方的大青石。

3）卵石类或圆石类：体态圆浑，质地坚硬，表面风化呈环状剥落状，又称海岸或河谷石。多数为花岗岩和砂砾岩。

4）剑石类：指利用山石单向解理而形成的直立型峰石类，如江苏武进斧劈石、广西槟榔石、浙江白果石、北京青云片石等，出自岩洞的钟乳石则各地均有。

5）吸水石类或上水石类：体态不规划，表里粗糙多孔，质地疏松，有吸水性能，多土黄色，深浅不一，各地均产。四川砂片石也属于这一类。

6）其他石类：有象皮青、木化石、松皮石、宣石等。

（2）采运。中国古代采石多用潜水凿取、土中掘取、浮面挑选和寻取古石等方法。现在多用掘取、浮面挑选、移旧和松爆等方法采石。运石多用浮舟扒杆、绞车索道、人力地龙、雪橇冰道等方法。为保护奇石外形，常用泥团、扎草、夹杠、冰球等方法。无论人抬、机吊、车船运输，都不可集装倾卸，应单件装卸，单层平摆，以免损伤。

（3）相石，又称读石，品石。施工前需先对现场石料反复观察，区别不同质色、形纹和体量，按掇山部位和造型要求分类排队，对关键部位和结构用石作出标记，以免滥用。经

过反复观察和考虑，构思成熟，胸有成竹，才能做到通盘运筹，因材使用。

（4）立基。就是奠立基础。基础深度取决于山石高度和土基状况，一般基础表面高程应在土表或常水位线以下0.3～0.5米。基础常见的形式有：①桩基，用于湖泥砂地；②石基，多用于较好的土基；③灰土基础，用于干燥地区；④钢筋混凝土基础，多用于流动水域或不均匀土基。

（5）拉底。又称起脚。有使假山的底层稳固和控制其平面轮廓的作用。一般在周边及主峰下安底石，中心填土以节约材料。

（6）堆叠中层。中层是指底层以上，顶层以下的大部分山体。这一部分是掇山工程的主体，掇山的造型手法与工程措施的巧妙结合主要表现在这一部分。古代匠师把掇山归纳为三十字诀："安连接斗拷（跨），拼悬卡剑垂，挑飘飞饿挂，钉担钩榫扎，填补缝垫杀，搭靠转换压"。意思是：①"安"指安放和布局，既要玲珑巧安，又要安稳求实。安石要照顾向背，有利于下一层石头的安放。山石组合左右为"连"，上下为"接"，要求顺势咬口，纹理相通。②"斗"指发券成拱，创造腾空通透之势。③"拷"指顶石旁侧斜出，悬垂挂石。④"跨"指左右横跨，跨石犹如腰中"佩剑"向下倾斜，而非垂直下悬。⑤"拼"指聚零为整，欲拼石得体，必须熟知风化、解理、断裂、溶蚀、岩类、质色等不同特点，只有相应合皴，才可拼石对路，纹理自然。⑥"挑"又称飞石，用石层层前挑后压，创造飞岩飘云之势。挑石前端上置石称"飘"，也用在门头、洞顶、桥台等处。⑦"卡"有两义，一指用小石卡住大石之间隙以求稳固；一指特选大块落石卡在峡壁石缝之中，呈千均一发、垂石欲堕之势，兼有加固与造型之功。⑧"垂"主要指垂峰叠石，有侧垂、悬垂等做法。⑨"钉"指用扒钉、铁锔连接加固拼石的做法。⑩"扎"是叠石辅助措施，即用铅丝、钢筋或棕绳将同层多块拼石先用穿扎法或捆扎法固定，然后立即填心灌浆并随即在上面连续堆叠两三层。待养护凝固后再解索整形做缝。⑪"垫"、"杀"为假山底部稳定措施；山石底部缺口较大，需用块石支撑平衡者为垫；而用小块楔形硬质薄片石打入石下小隙为杀；古代也有用铁片铁钉打杀的。⑫"搭"、"靠（接）"、"转"、"换"多见于黄石、青石施工，即按解理面发育规律进行搭接拼靠，转换掇山垒石方向，朝外延伸堆叠。⑬"缝"指勾缝，做缝常见的有明暗两种：做明缝要随石面特征、色彩和脉络走向而定；勾缝还要用小石补贴，石粉伪装；做暗缝是在拼石背面胶结而留出拼石接口的自然裂隙。⑭"压"在掇山中十分讲究，有收头压顶，前悬后压，洞顶凑压等多种压法；中层还需千方百计留出狭缝穴洞，至少深0.5米以上，以便填土供植花种树。

（7）结顶，又称收头。顶层是掇山效果的重点部位，收头峰势因地而异，故有北雄、中秀、南奇、西险之称。就单体形象而言又有仿山、仿云、仿生、仿器设之别。掇山顶层有峰、峦、泉、洞等20多种。其中"峰"就有多种形式。峰石需选最完美丰满石料，或单或双，或群或拼。立峰必须以自身重心平衡为主，支撑胶结为辅。石体要顺应山势，但立点必须求实避虚，峰石要主、次、宾、配，彼此有别，前后错落有致。忌笔架香烛，刀山剑树之势。"洞"按结构可分为梁柱式、券拱式、叠涩式。掇洞古称理洞。理洞要起脚如立柱，巧掇仿门户，明暗留风孔，梁、卷成洞顶，撑石稳洞壁，垂石仿钟乳，涉溪做汀步。洞口有隐有现，洞体弥合隙缝，以防渗水松动。清代掇山名师戈裕良用勾带联络法将山石环斗成洞，顶壁一气，可历数百年之久。顶层叠石尽管造型万千，但决不可顽石满盖而成童山秃岭，应土石兼并，配以花木。除上述仿山掇山外，北京、江苏、广东等地现存的仿云掇山常利用花岗条石做骨架。用黄石叠法延伸山体，而构成通透框架。再用小块山石附着于条石之上，构成风回云转之势。此法虽空透多变，但终感人为造作，不可多用。

2. 施工要点

应自后向前、由主及次、自下而上分层作业。每层高度约在 0.3～0.8 米之间，各工作面叠石务必在胶结料未凝之前或凝结之后继续施工。万不得在凝固期间强行施工，一旦松动则胶结料失效，影响全局。一般管线水路孔洞应预埋、预留，切忌事后穿凿，松动石体。对于结构承重受力用石必须小心挑选，保证有足够强度。山石就位前应按叠石要求原地立好，然后栓绳打扣。无论人抬、机吊都应有专人指挥，统一指令术语。就位应争取一次成功，避免反复。掇山始终应注意安全，用石必查虚实。栓绳打扣要牢固，工人应穿戴防护鞋帽，掇山要有躲避余地。雨季或冰期要排水防滑。人工抬石应搭配力量，统一口令和步调，确保行进安全。掇山完毕应重新复检设计（模型），检查各道工序，进行必要的调整补漏，冲洗石面，清理场地。有水景的地方应开阀试水，统查水路、池塘等是否漏水。有种植条件的地方应填土施底肥，种树、植草一气呵成。

二、置石

置石以石材或仿石材布置成自然露岩景观的造景手法。置石还可结合它的挡土、护坡和作为种植床或器设等实用功能，用以点缀风景园林空间。置石能够用简单的形式，体现较深的意境，达到"寸石生情"的艺术效果。

《禹贡》记载泰山山谷应上贡品中就有"怪石"。《南史》载："溉第居近淮水。斋前山池有奇礓石，长一丈六尺。"这是置石见于史书之始。《旧唐书》载："乐天罢杭州刺史，得天竺石一"，"罢苏州刺史时得太湖石五"。唐朝癖石之风甚盛。宋代江南私家园林也纷纷置石。明代林有麟编绘的《素园石谱》中有宣和六十五石图。明、清时期，置石于园则更为广泛，有"无园不石"之说。现存江南名石有苏州清代织造府（在今苏州第十中学）的瑞云峰、留园的冠云峰、上海豫园的玉玲珑和杭州花圃中的皱云峰；而最老的置石则为无锡惠山的"听松"石床，镌刻唐代书法家李阳冰篆"听松"二字。

置石在园林中有多种运用方法，例如：

（1）特置。又称孤置，江南又称"立峰"，多以整块体量巨大、造型奇特和质地、色彩特殊的石材筑成。常用作园林入口的障景和对景，漏窗或地穴的对景。这种石也可置于廊间、亭下、水边，作为局部空间的构景中心。如北京颐和园的"青芝岫"，故宫御花园内的钟乳石、珊瑚石、木化石等。特置也可以小拼大，不一定都是整块的立峰。

（2）对置。在建筑物前两旁对称地布置两块山石，以陪衬环境，丰富景色。如北京可园中对置的房山石。

（3）散置。又称散点，即"攒三聚五"的做法。常用于布置内庭或散点于山坡上作为护坡。散置按体量不同，可分为大散点和小散点，北京北海琼华岛前山西侧用房山石作大散点处理，既减缓了对地面的冲刷，又使土山增添奇特嶙峋之势。小散点，如北京中山公园"松柏交翠"亭附近的做法，显得深埋浅露，有断有续，散中有聚，脉络显隐。

（4）山石器设。为了增添园林的自然风光，常以石材作石屏风、石栏、石桌、石几、石凳、石床等。北海琼华岛"延南薰"亭内的石几、石凳和附近山洞中的石床都使园林景色更有艺术魅力。

（5）山石花台。布置石台是为了相对地降低地下水位，安排合宜的观赏高度，布置庭园空间和使花木、山石显出相得益彰的诗情画意。园林中常以山石作成花台，种植牡丹、芍药、红枫、竹、南天竺等观赏植物。花台要有合理的布局，适当吸取篆刻艺术中"宽可走马，密不容针"的手法，采取占边、把角、让心、交错等布局手法，使之有收放、明晦、远近和起伏等对比变化。对于花台个体，则要求平面上曲折有致，兼有大弯小弯，而且曲率和间隔都有变化。如果利用自然延伸的岩脉，立面上要求有高下、层次和虚实的变化。有高擎于台上的峰石，也有低隆于地面的露岩。苏州留园"涵碧山房"南面的牡丹台就是这样布置的。

（6）同园林建筑相结合的置石。如抱角、镶隅是为了减少墙角线条平板呆滞的感觉而增加自然生动的气氛。置石于外墙角称抱角；置石于内墙角称镶隅。建筑入口的台阶常用自然山石做成"如意踏跺"，明文震亨著《长物志》中称为"涩浪"；两旁再衬以山石蹲配，主石称"蹲"，客石称"配"。

（7）塑石。在不产石材地区，近代有用灰浆或钢筋混凝土等材料制作的塑石。此法可不受天然石材形状的限制，随意造型，但保存年限较短，色质等也不及天然石材。

第二节　理　　水

造园学家陈从周在《说园》中说："水曲因岸，水隔因堤"，"大园宜依水，小园重贴水，而最关键者则在水位之高低"，"园林用水，以静止为主"。这些均是园林理水的基本原则。

园中之水有旷、奥之分。水聚则旷，有汪洋之感；水散则奥，有不尽之意。两者无所谓孰优孰劣，但最怕不旷不奥，不伦不类。水面如何做得有汪洋之感？水面大固然能有大水面之感；然而私家园林，地不过数亩，如何能生汪洋之感？这还须用手法、意境。首先，要从水边之物做起，所谓"小中见大"，尺度问题是很关键的。水边之建筑或山石，体量不宜太大，否则水面就有见小之感。浙江雁荡山大龙湫瀑布下的水塘，看起来似一勺之水，其实它要比苏州留园中的大水池还大呢！这就是对比，就是尺度问题。反之，若水面确实甚小，也不要强求，干脆做"不尽之意"的艺术效果。所谓不尽之意，就是将水面分成小块、狭带，曲曲折折，时隐时现，也别有情趣，浙中或皖南村间小溪之感。如苏州环秀山庄、拙政园西部等，均有这种水面的情趣。这就叫因地制宜。

园中之水，须有活气。如前一篇所说，水要有来龙去脉才活。如苏州网师园之大水池西北有一曲桥，池水经桥下一直伸向小沟，有不尽之意；同样，在池之东南也有一桥，水流向南越来越狭，似流向深远处。拙政园中部大水池，其南、北两处，也效此法。南京瞻园，南北两池，在静妙堂之西有小溪相连，勾活了池水。无锡寄畅园，水池之西的八音涧处有泉眼，确为水源，而又在池之北端做出水湾，似为池水流出之处。

如上所说，水之形全在岸。苏州多曲池，绍兴多方池，风格迥异。曲池做法，大有讲究。这种池岸，宜曲不宜平直。但曲要曲得有节奏，有大曲、小弯，有缓曲、急转，不能总是那么一种曲法，像牙齿一般，缺乏情趣。同时，驳岸之石，在近水处应向内凹进，这样做不但有不尽之意，而且更使岸形空灵、险峻，美在其中。

水岸用石，宜统一种类，切忌黄石、湖石混用。一般说来，湖石岸比较容易处理，因为它本身就是曲折、空灵的；黄石平直，有强烈的实体感，故更难做得好。但也有一种做法是将黄石岸意象出水滩之形，也别有韵味。

园林中的水面，应当作为"空间"来看待。园中空间，贵在层次，如何做水面层次？基本上有两种手法，一是做狭，如无锡寄畅园之水池，南北狭长，故在中部知鱼槛（半亭）处水面狭一下，使水面分成南北两部分；南京瞻园之南池，中间狭，而且还做几块步石，明显地将池一分为二。第二种手法是造桥（或筑堤）。园中之桥，固然为交通之需，但它也是分隔水面空间之物。用桥分隔水面，使水面有层次感，而且处理得更为含蓄。如苏州怡园，水池中间有曲桥。扬州寄啸山庄水池中有水心亭，亭南有曲桥，亭北有堤与两岸相连，同时也分隔了水池。无锡寄畅园水池北侧，用七星桥将水池隔出一大一小两个水面。吴江同里的退思园，中间一个大水池，在池东北用曲桥相隔，使水面分出层次；又在南端"菰雨生凉"（轩）处隔出一小块水面，亦有了层次感。而苏州拙政园的松风亭，水池之前有"小飞虹"，是廊桥，将水面分隔，更有空间层次感。透过廊桥，外面景致虚虚实实，可谓园林之空间艺术了。

园林山水，看起来似乎山的视觉形象胜过水，但水却更有欣赏内涵。所谓山观其高，水视其流。《红楼梦》第十七回众人游大观园时有如此一段描述："院中满架蔷薇，转过花障，只见清溪前阻。众人诧异：'这水又从何而来？'贾珍遥指道：'原从那闸起流至那洞口，从东北山凹里引到那村庄里，又开一道岔口，引至西南上，共总流到这里，仍旧合在一处，从那墙下出去。'"这种流水手法，可谓妙趣横生，自然得体。其实园林中用得也较多。南京瞻园，水自园之南的"瀑布口"始，入一小池，然后折向池之西北，变成小溪细流，缘园西向北，过草坪边流入园北之大水池，然后在池东北穿过小桥一直向北，成一小池，于是又向北流，似入无穷处。苏州环秀山庄虽以假山胜，但其中水之处理却也妙趣无穷，弯弯曲曲，穿行于问泉亭及长廊之间，有几处竟在廊底流过。拙政园西部园，有长长的水廊，水伸入廊底，令人悟出水乡意境。水从园的西南角之塔影亭的背后开始的，曲曲弯弯一直流向拜文揖沈之斋，然后过廊桥向东流入中部大园之大池。全园之水，好似书法中的一帖狂草，逶迤萦流，妙不可言。

如上所说，中国园林之水，宜静不宜动。"清许周生筑园杭州，名'鉴止水斋'，命意在此，源出我国哲学思想，体现静以悟动之辩证观点"（陈从周《说园》）。水静，水不见了，但水面上有岸边物体的倒影，水下可见游鱼、水藻等物。在这种现象的背后，还有其哲理内涵。《老子》中说"上善若水"。《庄子》中说"水静犹明"（"天道篇"）"正则静，静则明，明则虚。"（"庚桑楚"）。这种深邃的内涵，对于赏园者来说，能起到潜移默化的作用。

水面可以植荷，使它更有生机。园中植荷，一面能意象到"出淤泥而不染"的高洁情调；另一面也能意象到西子湖之美景，曲院风荷，"映日荷花别样红"。但若植荷，往往数年后，夏日则满池荷叶，失去了水面。这也须用手法。可用大缸数只，植荷于缸内，然后连荷带缸一起沉入池底（事先设计好沉于何处），缸中之藕便不会疯长。

理水之法，贵在意境，故虽有法，亦不能拘于法，还须提高园林艺术修养。但更须提醒的是：水的处理不是孤立的，水须与山结合，也须与建筑结合，如平台、水榭、水廊、旱船等，都须作整体考虑。

模拟自然的园林理水，常见类型有以下几种。

（1）泉瀑。泉为地下涌出的水，瀑是断崖跌落的水，园林理水常把水源作成这两种形式。水源或为天然泉水，或园外引水，或人工水源（如自来水）。泉源的处理，一般都作成石窦之类的景象，望之深邃黝暗，似有泉涌。瀑布有线状、帘状、分流、叠落等形式，主要在于处理好峭壁、水口和递落叠石。苏州园林中有导引屋檐雨水的，雨天才能观瀑。

（2）渊潭。小而深的水体，一般在泉水的积聚处和瀑布的承受处。岸边宜作叠石，光线宜幽暗，水位宜低下，石缝间配置斜出、下垂或攀缘的植物，上用大树封顶，造成深邃气氛。

（3）溪涧。泉瀑之水从山间流出的一种动态水景。溪涧宜多弯曲以增长流程，显示出源远流长，绵延不尽。多用自然石岸，以砾石为底，溪水宜浅，可数游鱼，又可涉水。游览小径须时缘溪行，时踏汀步，两岸树木掩映，表现山水相依的景象，如杭州"九溪十八涧"。有时造成河床石骨暴露，流水激湍有声，如无锡寄畅园的"八音涧"。曲水也是溪涧的一种，今绍兴兰亭的"曲水流觞"就是用自然山石以理涧法做成的。有些园林中的"流杯亭"在亭子中的地面凿出弯曲成图案的石槽，让流水缓缓而过，这种作法已演变成为一种建筑小品。

（4）河流。河流水面如带，水流平缓，园林中常用狭长形的水池来表现，使景色富有变化。河流可长可短，可直可弯，有宽有窄，有收有放。河流多用土岸，配置适当的植物；也可造假山插入水中形成"峡谷"，显出山势峻峭。两旁可设临河的水榭等，局部用整形的条石驳岸和台阶。水上可划船，窄处架桥，从纵向看，能增加风景的幽深和层次感。例如北京颐和园后湖、扬州瘦西湖等。

（5）池塘、湖泊。指成片汇聚的水面。池塘形式简单，平面较方整，没有岛屿和桥梁，岸线较平直而少叠石之类的修饰，水中植荷花、睡莲、荇、藻等观赏植物或放养观赏鱼类，再现林野荷塘、鱼池的景色。湖泊为大型开阔的静水面，但园林中的湖，一般比自然界的湖泊小得多，基本上只是一个自然式的水池，因其相对空间较大，常作为全园的构图中心。水面宜有聚有分，聚分得体。聚则水面辽阔，分则增加层次变化，并可组织不同的景区。小园的水面聚胜于分，如苏州网师园内池水集中，池岸廊榭都较低矮，给人以开朗的印象；大园的水面虽可以分为主，仍宜留出较大水面使之主次分明，并配合岸上或岛屿中的主峰、主要建筑物构成主景，如颐和园的昆明湖与万寿山佛香阁，北海与琼岛白塔。园林中的湖池，应凭借地势，就低凿水，掘池堆山，以减少土方工程量。岸线模仿自然曲折，作成港汊、水湾、半岛，湖中设岛屿，用桥梁、汀步连接，也是划分空间的一种手法。岸线较长的，可多用土岸或散置矶石，小池亦可全用自然叠石驳岸。沿岸路面标高宜接近水面，使人有凌波之感。湖水常以溪涧、河流为源，其渲泻之路宜隐蔽，尽量做成狭湾，逐渐消失，产生不尽之意。

第三节 植 物 配 置

造园要素：一为花木池鱼，二为园林之中建筑，三为垒石。园林中没有花木则无生气。园林建筑短时间内可建成见效，而乔木参天，绿树成荫，花团锦簇，则不是短时间内所能形成的。

1. 配置

按植物生态习性和园林布局要求，合理配置园林中各种植物（乔木、灌木、花卉、草皮和地被植物等），以发挥它们的园林功能和观赏特性。园林植物配置是园林规划设计的重要环节。

园林植物的配置包括两个方面：一方面是各种植物相互之间的配置，考虑植物种类的选择，树丛的组合，平面和立面的构图、色彩、季相以及园林意境；另一方面是园林植物与其他园林要素如山石、水体、建筑、园路等相互之间的配置。

2. 季相

植物在不同季节表现的外貌。植物在一年四季的生长过程中，叶、花、果的形状和色彩随季节而变化。开花时、结果时或叶色转变时，具有较高的观赏价值。园林植物配置要充分利用植物季相特色。

在不同的气候带，植物季相表现的时间不同。北京的春色季相比杭州来得迟，而秋色季相比杭州出现得早。即使在同一地区，气候的正常与否，也常影响季相出现的时间和色彩。低温和干旱会推迟草木萌芽和开花；红叶一般需日夜温差大时才能变红，如果霜期出现过早，则叶未变红而先落，不能产生美丽的秋色。土壤、养护管理等因素也影响季相的变化，因此季相变化可以人工控制。为了展览的需要，甚至可以对盆栽植物采用特殊处理来催延花期或使不同花期的植物同时开花。

园林植物配置利用有较高观赏价值和鲜明特色的植物的季相，能给人以时令的启示，增强季节感，表现出园林景观中植物特有的艺术效果。如春季山花烂熳，夏季荷花映日，秋季硕果满园，冬季腊梅飘香等。要求园林具有四季景色是就一个地区或一个公园总的景观来说；在局部景区往往突出一季或两季特色，以采用单一种类或几种植物成片群植的方式为多。如杭州苏堤的桃、柳是春景，曲院风荷是夏景，满觉陇桂花是秋景，孤山踏雪赏梅是冬景。为了避免季相不明显时期的偏枯现象，可以用不同花期的树木混合配置、增加常绿树和草本花卉等方法来延长观赏期。如无锡梅园在梅花丛中混栽桂花，春季观梅，秋季赏桂，冬天还可看到桂叶常青。杭州花港观鱼中的牡丹园以牡丹为主，配置红枫、黄杨、紫薇、松树等，牡丹花谢后仍保持良好的景观效果。

3. 花坛

在一定范围的畦地上按照整形式或半整形式的图案栽植观赏植物以表现花卉群体美的园林设施。花坛分类如下：

（1）按其形态可分为立体花坛和平面花坛两类。平面花坛又可按构图形式分为规则式、自然式和混合式三种。

（2）按观赏季节可分为春花坛、夏花坛、秋花坛和冬花坛。

（3）按栽植材料可分为一二年生草花坛、球根花坛、水生花坛、专类花坛（如菊花坛、翠菊花坛）等。

（4）按表现形式可分为：花丛花坛，是用中央高、边缘低的花丛组成色块图案，以表现花卉的色彩美；绣花式花坛或模纹花坛，以花纹图案取胜，通常是以矮小的具有色彩的观叶植物为主要材料，不受花期的限制，并适当搭配些花朵小而密集的矮生草花，观赏期特别长。

（5）按花坛的运用方式可分为单体花坛、连续花坛和组群花坛。现代又出现移动花坛，

由许多盆花组成，适用于铺装地面和装饰室内。

4. 花缘

一种花坛，用比较自然的方式种植灌木及观花草本植物，呈长带状，主要是供从一侧观赏之用。花缘按所种植物分为一年生植物花缘、多年生植物花缘和混合栽植的花缘，而以后者为多。在设计上，花缘宜以宿根花卉为主体，适当配植一些一二年生草花和球根花卉或者经过整形修剪的低矮灌木。一般将较高的种类种在后面，矮的种在前面，但要避免呆板的高矮前后列队，偶尔可将少量高株略向前突出，形成错落有致的自然趣味。为了加强色彩效果，各种花卉应成团成丛种植；并注意各丛团间花色、花期的配合，要求在整体上有自然的调和美。常以植篱、墙垣或灌木丛作背景。花缘的宽度一般为 1～2 米，如果地面较宽，最好在花缘与作背景的植篱之间留 1.2～1.3 米空地种上草皮或铺上卵石作为隔离带，以免树根影响花缘植物的生长，又便于对花缘后方植物和绿篱的养护管理。由于宿根花卉会逐年扩大生长面积，所以在最初栽植时，各团丛之间应留有适当空间，并种植一二年生或球根花卉填空。对宿根花卉可每三四年换植一次，也可每年更换一部分植株，以利植物的更新和复壮。平日应注意浇水和清除杂草和枯花败叶，保持花缘的优美秀丽和生机盎然的状态。初冬应对半耐寒的种类，用落叶、蒿草加土覆盖以便安全越冬。

5. 植篱

用乔木或灌木密植成行而形成的篱垣，又称绿篱、生篱。

植篱在园林中的主要用途是：围定场地，划分空间，屏障或引导视线于景物焦点，作为雕像、喷泉、小型园林设施物等的背景，采取特殊的种植方式构成专门的景区（如迷园）。近代又有"植篱造景"，是结合园景主题，运用灵活的种植方式和整形修剪技巧，构成有如奇岩巨石绵延起伏的园林景观。

中国在数千年前就已应用植篱，《诗经》中有"折柳樊圃"。后来植篱大都用作宅院菜圃的外围护栏，在庭园中未得到充分利用。植篱在欧洲的庭园中应用广泛，16～17 世纪时常用作道路和花坛的镶边。17～18 世纪时，雕塑式的植篱盛行，将植篱顶部或首尾部加工成为鸟兽形状；在帝王的和大庄园主的整形式花园中常把常绿植物如黄杨等修剪成低矮的窄篱，布置成各种几何形状。中国在 20 世纪初以来新建的公园和城市绿地中已较普遍地利用植篱。

植篱按其高度可分为矮篱（0.5 米以下）、中篱（0.5～1.5 米）、高篱（1.5 米以上）。矮篱的主要用途是围定园地和作为装饰；高篱的用途是划分不同的空间，屏障景物。用高篱形成封闭式的透视线，远比用墙垣等有生气。高篱作为雕像、喷泉和艺术设施景物的背景，尤能造成美好的气氛。

植篱按种植方式可分为单行式和双行式，中国园林中一般为了见效快而采用品字形的双行式，有些园林师主张采用单行式，理由是单行式有利于植物的均衡生长，双行式不但不利于均衡生长，而且费用高，又容易滋生杂草。

植篱按养护管理方式可分为自然式和整形式，前者一般只施加少量的调节生长势的修剪，后者则需要定期进行整形修剪，以保持体形外貌。在同一景区，自然式植篱和整形式植篱可以形成完全不同的景观，必须善于运用。

植篱按植物种类及其观赏特性可分为绿篱、彩叶篱、花篱、果篱、枝篱、刺篱等，必须根据园景主题和环境条件精心选择筹划。例如同为针叶树种绿篱，有的树叶具有金丝绒的质感，给人以平和、轻柔、舒畅的感觉；有的树叶颜色暗绿，质地坚硬，就形成严肃静穆的气氛；阔叶常绿树种种类众多，则更有不同的效果。又如花篱，不但花色、花期不同，而且还有花的大小、形状、有无香气等的差异而形成情调各异的景色；至于果篱，除了大小、形状色彩各异以外，还可招引不同种类的鸟雀。

作为植篱用的树种必须具有萌芽力强、发枝力强、愈伤力强、耐修剪、耐荫力强、病虫害少等习性。植篱的栽植方法是在预定栽植的地带先行深翻整地，施入基肥，然后视植篱的预期高度和种类，分别按 20 厘米、40 厘米、80 厘米左右的株距定植。定植后充分灌水并及时修剪。养护修剪原则是：对整形式植篱应尽可能使下部枝叶多见阳光，以免因过分荫蔽而枯萎，因而要使树冠下部宽阔，愈向顶部愈狭，通常以采用正梯形或馒头形为佳。对自然式植篱必须按不同树种的各自习性以及当地气候采取适当的调节树势和更新复壮措施。

6. 攀缘

利用攀缘植物装饰建筑物的一种绿化形式。攀缘绿化除美化环境外，还有增加叶面积和绿视率、阻挡日晒、降低气温、吸附尘埃等改善环境质量的作用。

（1）攀缘绿化有下述特点。

1）用途多样。攀缘绿化是攀缘植物攀附在建筑物上的一种装饰艺术，绿化的形式能随建筑物的形体而变化。用攀缘植物可以绿化墙面、阳台和屋顶，装饰灯柱、栏栅、亭、廊、花架和出入口等，还能遮蔽景观不佳的建筑物。

2）占地很少。攀缘植物因依附建筑物生长，占地很少。在人口多、建筑密度大、绿化用地不足的城市，尤能显示出攀缘绿化的优越性。

3）繁殖容易。攀缘植物繁殖方便，生长快，费用低，管理简便。草本攀缘植物当年播种，当年发挥效益。木本攀缘植物，通常用扦插、压条等方法繁殖，易于生根，有的一年可繁殖数次。

（2）攀缘植物的选择。

攀缘植物有攀附器官。例如，扁豆、牵牛、西番莲、忍冬、紫藤等有缠绕茎；爬山虎、五叶地锦有吸盘；葡萄、丝瓜等有卷须；薜荔、常春藤等有气生根；木香、野蔷薇等有拱形蔓条或钩刺。攀缘绿化可以根据攀缘植物的吸附或攀附能力做出安排，例如有吸盘或气生根的植物，吸附力强，宜做墙面绿化覆盖；有缠绕茎、卷须或钩刺的植物，攀附能力较强，宜做花架、阳台、栏栅等的绿化装饰。也可以根据攀缘植物的生态习性，因地制宜地选择植物种类。耐寒性较强的爬山虎、忍冬、紫藤、五叶地锦、山葡萄等适宜于中国北方栽培；而在中国南方，除上述植物外，还可用常春藤、络石、凌霄、薜荔、油麻藤、木香等。喜阳的凌霄、紫藤、葡萄等宜植于建筑物的向阳面；耐荫的常春藤、爬山虎等宜植于建筑物的背阴处。

7. 古树名木

古树指生长百年以上的老树；名木指具有社会影响、闻名于世的树，树龄也往往超过百年。生长百年以上的古树已进入缓慢生长阶段，干径增粗极慢，形态上给人以饱经风霜、苍劲古拙之感。世界上长寿树大多是松柏类、栎树类、杉树类、榕树类树木以及槐树、银杏树等。名木或以姿态奇特观赏价值极高而闻名，如中国黄山的"迎客松"。或以历史事件而闻名如泰山岱庙中汉柏，是汉武帝刘彻封禅时所植。或以传说异闻而闻名，如陕西黄陵轩辕庙内的"黄帝手植柏"，树高近 20 米，下围 10 米，是中国最大的柏树，据说是传说中的中华民族始祖轩辕氏黄帝亲手所植；如地中海西西里岛埃特纳火山上的"百骑大栗树"，相传它的庞大茂密的树荫曾为古代一位国王、王后及其随带的百骑人马遮风挡雨；北京潭柘寺内的银杏树（称"帝王树"），相传为辽代植，高30余米，直径4米。

保护古树名木的意义：① 古树名木是历史的见证。许多古树名木经历过朝代的更替、人民的悲欢、世事的沧桑，可借以撰写说明，普及历史知识。② 古树名木为文化艺术增添光彩，它们是历代文人咏诗作画的题材，往往伴有优美的传说和奇妙的故事。③ 古树名木也是名胜古迹的佳景，如北京戒台寺的"卧龙松"，铁杆虬枝若苍龙腾飞，给人以美的享受。④ 古树是研究自然史的重要资料，它的复杂的年轮结构，蕴含着古水文、古地理、古植被的变迁史。⑤ 古树对研究树木生理具有特殊意义。人们无法用跟踪的方法去研究长寿树木从生到死的生理过程，而不同年龄的古树可以同时存在，能把树木生长、发育在时间上的顺序展现为空间上的排列，有利于科学研究工作。⑥ 古树对于树种规划有很大参考价值。

鉴于古树名木的重要价值，许多国家开展了保护和复壮的研究工作。首先是组织专业人员或成立古树名木爱好者协会，进行寻访调查，分级登记、立档。第二是采取多种保护措施，如设避雷针防止雷击；适时松土、浇水、施肥，防治病虫害；有树洞者加以填堵，以免蔓延扩大；树身倾斜、枝条下垂者用支架支撑等。第三是对濒危古树名木抢救复壮，如采用根部换土，在地下埋树条并铺上上大下小的梯形砖或草皮，增加通气性等技术措施，使一批日趋衰朽的松柏重新焕发活力。

第四节 因 借

中国园林的传统手法。有意识地把园外的景物"借"到园内视景范围中来。园林中的借景有收无限于有限之中的妙用。借景分近借、远借、邻借、互借、仰借、俯借、应时借七类。其方法通常有开辟赏景透视线，去除障碍物；提升视景点的高度，突破园林的界限；借虚景等。借景内容包括：借山水、动植物、建筑等景物；借人为景物；借天文气象景物等。如北京颐和园的"湖山真意"远借西山为背景，近借玉泉山，在夕阳西下、落霞满天时赏景，景象曼妙（见图9-2）。

借景是中国园林艺术的传统手法，是有意识地把园外的景物"借"到园内视景范围中来。一座园林的面积和空间是有限的，为了扩大景物的深度和广度，丰富游赏的内容，除了运用多样统一、迂回曲折等造园手法外，造园者还常常运用借景的手法，收无限于有限之中。

中国古代早就运用借景的手法。唐代所建的滕王阁，借赣江之景——"落霞与孤鹜齐飞，秋水共长天一色"。岳阳楼近借洞庭湖水，远借君山，构成气象万千的山水画面。杭州西湖，在"明湖一碧，青山四围，六桥锁烟水"的较大境域中，"西湖十景"互借，各个"景"又自成一体，形成一幅幅生动的画面。"借景"作为一种理论概念提出来，则始见于明末著名造园家计成所著《园冶》一书。计成在"兴造论"里提出了"园林巧于因借，精在体宜"；"泉流石注，互相借资"；"俗则屏之，嘉则收之"；"借者园虽别内外，得景则无拘远近"等基本原则。

一、借景种类

借景可分为：① 近借（见图9-3，图9-4）。在园中欣赏园外近处的景物。② 远借

（见图 9 - 5）。在不封闭的园林中看远处的景物，例如靠水的园林，在水边眺望开阔的水面和远处的岛屿。③ 邻借。在园中欣赏相邻园林的景物。④ 互借。两座园林或两个景点之间彼此借资对方的景物。⑤ 仰借。在园中仰视园外的峰峦、峭壁或邻寺的高塔。⑥ 俯借。在园中的高视点，俯瞰园外的景物。⑦ 应时借。借一年中的某一季节或一天中某一时刻的景物，主要是借天文景观、气象景观、植物季相变化景观和即时的动态景观。

图 9 - 2　北京颐和园的"湖山真意"

二、借景方法

借景方法大体有三种。

（1）开辟赏景透视线，对于赏景的障碍物进行整理或去除，譬如修剪掉遮挡视线的树木枝叶等。在园中建轩、榭、亭、台，作为视景点，仰视或平视景物，纳烟水之悠悠，收云山之耸翠，看梵宇之凌空，赏平林之漠漠。

（2）提升视景点的高度，使视景线突破园林的界限，取俯视或平视远景的效果。在园中堆山，筑台，建造楼、阁、亭等，让游者放眼远望，以穷千里目。

图 9 - 3　园林借景

（3）借虚景，如朱熹的"半亩方塘"，圆明园四十景中的"上下天光"，都俯借了"天光云影"；上海豫园中的花墙下的月洞，透露了隔院的水榭。

三、借景内容

借景内容有以下几类。

（1）借山、水、动物、植物、建筑等景物。如远岫屏列、平湖翻银、水村山郭、晴岚塔影、飞阁流丹、楼出霄汉、蝶雉斜飞、长桥卧波、田畴纵横、竹树参差、鸡犬桑麻、雁阵鹭行、丹枫如醉、繁花烂漫、绿草如茵。

（2）借人为景物。如寻芳水滨、踏青原上、吟诗松荫、弹琴竹里、远浦归帆、渔舟唱晚、古寺钟声、梵音诵唱、酒旗高飘、社日箫鼓。

（3）借天文气象景物。如日出、日落、朝晖、晚霞、圆月、弯月、蓝天、星斗、云雾、彩虹、雨景、雪景、春风、朝露等。

此外还可以通过声音来充实借景内容，如鸟唱蝉鸣、鸡啼犬吠、松海涛声、残荷夜雨。

在中国的现有园林和风景区中，运用借景手法的实例很多（见图9-6）。北京颐和园的"湖山真意"远借西山为背景，近借玉泉山，在夕阳西下、落霞满天的时候赏景，景象曼妙。承德避暑山庄，借磬锤峰一带山峦的景色。苏州园林各有其独具匠心的借景手法。拙政园西部原为清末张氏补园，与拙政园中部分别为两座园林，西部假山上设宜两亭，邻借拙政园中部之景，一亭尽收两家春色。留园西部舒啸亭土山一带，近借西园，远借虎丘山景色。沧浪亭的看山楼，远借上方山的岚光塔影。山塘街的塔影园，近借虎丘塔，在池中可以清楚地看到虎丘塔的倒影。

图9-4　网师园月到风来亭

图9-5　网师园门洞借景

图9-6　园林借景

第五节　中国古代园林的艺术特色

一、造园艺术，师法自然

师法自然（见图9-7），在造园艺术上包含两层内容。一是总体布局、组合要合乎自然。山与水的关系以及假山中峰、涧、坡、洞各景象因素的组合，要符合自然界山水生成的客观规律。二是每个山水景象要素的形象组合要合乎自然规律。如假山峰峦是由许多小的石料拼叠合成，叠砌时要仿天然岩石的纹脉，尽量减少人工拼叠的痕迹。水池常作自然曲折、高下起伏状。花木布置应是疏密相间，形态天然。乔灌木也错杂相间，追求天然野趣。

图9-7　师法自然、融于自然

二、分隔空间，融于自然

中国古代园林用种种办法来分隔空间，其中主要是用建筑来围蔽和分隔空间。分隔空间力求从视角上突破园林实体的有限空间的局限性，使之融于自然，表现自然。为此，必须处理好形与神、景与情、意与境、虚与实、动与静、因与借、真与假、有限与无限、有法与无法等种种关系。如此，则把园内空间与自然空间融合和扩展开来。比如漏窗的运用，使空间流通、视觉流畅，因而隔而不绝，在空间上起互相渗透的作用。在漏窗内看，玲珑剔透的花饰、丰富多彩的图案，有浓厚的民族风味和美学价值；透过漏窗，竹树迷离摇曳，亭台楼阁时隐时现，远空蓝天白云飞游，造成幽深宽广的空间境界和意趣。

三、园林建筑，顺应自然

中国古代园林中，有山有水，有堂、廊、亭、榭、楼、台、阁、馆、斋、舫、墙等建筑。人工的山，石纹、石洞、石阶、石峰等都显示自然的美色。人工的水，岸边曲折自如，水中波纹层层递进，也都显示自然的风光。所有建筑，其形与神都与天空、地下自然环境吻合，同时又使园内各部分自然相接，以使园林体现自然、淡泊、恬静、含蓄的艺术特色，并收到移步换景、渐入佳境、小中见大等观赏效果（见图9-8）。

图 9 - 8　建筑和环境的自然融合

四、树木花卉，表现自然

与西方系统园林不同，中国古代园林对树木花卉的处理与安设，讲究表现自然。松柏高耸入云，柳枝婀娜垂岸，桃花数里盛开，乃至于树枝弯曲自如，花朵迎面扑香，其形与神，其意与境都十分重在表现自然。

师法自然，融于自然，顺应自然，表现自然，这是中国古代园林体现"天人合一"民族文化所在，是独立于世界之林的最大特色，也是永具艺术生命力的根本原因。

第十章 现代园林——公园的形成与发展

由于历史的悠久，我国被列为园林艺术起源最早的国家之一，并在国际上享有盛名。从有关记载，我国的古典园林早在二千多年前就已经开始营造，只不过是作为历代帝王、贵族等少数统治阶级享乐的场所。

如在奴隶社会的周代，就有周文王的"灵囿"，方七十里，养百兽鱼鸟，供帝王游牧取乐。到了封建社会的秦代，在公元前218年于咸阳渭水之南兴建了"上林苑"，周围三百里，有离宫七十所，"离宫别馆，弥山跨谷"，苑中有涌泉，有怒瀑，还有种类繁多的动植物。

到了汉代，"上林苑"相继扩大，分区豢养动物，栽培它地的名果奇树达三千余种，其规模和内容都相当可观。三国时，魏文帝"以五色石起景阳山于芳林苑，树松竹草木，捕禽兽以充其中"。吴国的孙皓在南京"大开苑囿，起土山楼观，功役之费以亿万计"。晋武帝司马炎重修"上林苑"，并改名"华林苑"。到南朝，梁武帝又重修齐高帝的"芳林苑"，"植嘉树珍果，穷极雕丽"。北朝在盛乐（今蒙古和林格尔县）建"鹿苑"，引附近武川之水注入苑内、广几十里。

到了隋代，隋炀帝杨广在洛阳以西建造"西苑"，周围二百里，其规模虽然没有"上林苑"大，但内容却有过之而不及。苑内造海，周十余里，海中有三座神山，高百余尺，殿堂楼观极多，山水之胜，动植物之多，都极尽豪华。

到了唐代，在西安建有宫苑结合的"西内"、"东内"、"芙蓉苑"及骊山的"华清宫"，面积虽不算大，但苑的内容和造园的意境却有了新的发展。在宋代有著名的"寿山艮岳"，周围十余里。元代建"万岁山"，明朝建"西苑"，清代更有占地八千四百多亩的热河避暑山庄以及世界文化史上的著名奇迹圆明园等。

唐宋在以往造园艺术成就的基础上，进一步开创了我国园林艺术的一代新风，达到了新的境界。它效法自然而又高于自然，寓情于景，情景交融，富有诗情画意，为我国明清园林艺术的发展，打下了非常好的基础。

明清（公元1368～1911年）是我国封建社会的没落时期，至清朝特别是乾隆、慈禧挥金如土、奢侈豪华，大造离宫别馆。在风格上一方面继承了传统的水山宫苑和山水建筑宫苑的特点，同时进一步有所发展。这一时期特别是在江南地区的私家园林，由于具有高超的艺术水平和独特的民族风格，而使我国的古典园林艺术在世界园林艺术中独树一帜，自成一体。

在世界各个历史文化交流的阶段中，我国"人工为之，宛自天开"的自然式园林艺术，自唐朝已传入朝鲜、日本。特别是在十三世纪，意大利旅行家马可波罗就把杭州西湖的园林艺术称誉为"世界上最美丽华贵之城"。从而使杭州西湖的园林艺术名扬海外。至今，它更成了五大洲的朋友们向往的游览胜地。

在十八世纪，中国自然式园林由英国著名造园家威廉康伯介绍到英国，使当时的英国曾一度出现了"自然热"。1730 年在伦敦郊外所建的植物园，后改为皇家植物园，除模仿中国的自然式布局外，还出现了中国式的宝塔和桥。从此以后，我国园林艺术那种顺应自然的设计手法，在欧洲广为传播。

综上所述，我国古代的城市园林，主要是皇家宫苑和贵族宅园，平民百姓能够进入的公共园林多以寺庙附属庭园的面貌出现。

1840 年是中国从封建社会到半封建半殖民地的转折点，也是我国造园史由古代到近代的转折，公园的出现便是明显的标志。人们把 1840 年以前的园林称为古典园林，而 1840 年以后，则称为近现代园林。

如果说，古典园林具有明显的私人占有性，不管是皇家园林或私家园林，无不都是供帝王、封建文人、士大夫等避暑、听政、居住、游乐等专用，而公园虽然前面加了"公"字，但它也并不是为大多数人服务而建造的。

在鸦片战争后，帝国主义在我国开设了租界，同时为了满足他们在中国土地寻欢作乐的要求，为了满足殖民者少数人的游乐活动，把欧洲式的公园传到了我国，这其中上海可以说是殖民地公园建立较早较多的地方。

1868 年建造的"公花园"（黄浦公园）是最早的一个，殖民者规定"华人与狗不得入内"，这一方面说明殖民主义者对中国人民明目张胆的侮辱，也说明"公园"在当时并不"姓公"。之后又有 1905 年的"虹口公园"，1908 年的"法国公园"即（复兴公园），1914 年建的"极斯非尔公园"（即中山公园）等。

此时期公园规划布局的特点多采取法国规则式和英国风景式两种，其中有大片草地和占地极少的建筑，这与我国古典园林艺术的规划设计有明显不同。在功能使用上主要是供他们散步、打网球、棒球、高夫尔球等活动以及饮酒休息之用。以上可以说皆是为洋人兴建，布置特点主要反映了其外来性质的。

1906 年，在无锡、金匮两县乡绅俞仲等筹资建"锡金公花园"，这是我国最早的公园之一了。辛亥革命后扩建，定名为"城中公园"，该公园的布置特点是多建筑、无草地，有假山、自然式水池等，是吸收了中国古典园林的特点而建的。这与上海早期的公园就有明显不同的特点。虽都叫公园，但内容和特点显然是不同的。

辛亥革命前，孙中山先生曾在广州的越秀山麓读书。辛亥革命后，孙中山指定将越秀山辟为公园，既越秀公园。与孙中山同时代，以朱启矜等为代表的一批民主主义者极力主张筹建公园，在他们的倡导和影响下，在我国一些主要大城市中，相继出现了如广州越秀公园、中央公园、永汉公园等九处；汉口市府公园等两处；昆明翠湖公园等七处；北平的中央公园（现中山公园）；南京的玄武湖公园等六处；厦门的中山公园；长沙的天心公园等。此外，当时也有一些民族资本家私人办园向公众开放的，如无锡的惠山公园等。

以上诸公园大多是在原有风景名胜的基础上整理改建而成的，有的本来就是原有的古典园林，如锡惠公园等，也有的是在空地或农地上参照欧洲公园特点建造。这都为以后公园的发展建设打下了基础。

1898 年英国人霍华德著《明日的田园城市》一书，对我国初期的公园建设有一定的影响。1935 年，我国的规划师莫朝豪所著《园林计划》一书中提出"都市田园化与乡村城市化"的主张，指出"园林计划……包含市政、工程、农林、艺术等要素的综合的科学"，"应使公园能够均匀地分布于全市各地"等一些至今看来仍是非常重要的问题。此书也可以说是我国早期公园建设的理论性专著，并对当时的公园建设有很大的影响。

我国公园的产生可以说是帝国主义侵略和辛亥革命的结果，又由于辛亥革命的发源地在南方，更加上南方优越的自然条件，无论是公园的最初阶段，还是形成具有我国特点的公园，可以说在南方都最具有代表性。

以绿化为主，辅以建筑布置于城市或市郊，并为广大人民提供娱乐、游憩的公园，真正姓公并得到迅速发展，那还是解放后的事。

第一节　解放后公园的发展

随着社会的不断进步，近代、现代园林得到了大规模发展。特别是中华人民共和国成立以后，园林的功能、文化内涵得到扩展，成为面向社会、面向大众的公益性设施，成为城市绿地系统的重要组成部分。据 1949 年统计，全国城市只有公园、绿地 112 处，面积为 2 961 公顷。至 1999 年，全国城市共有公园 3 990 个，面积 已达 73 197 公顷。

这些公园，分布广泛，题材丰富。在可持续发展战略方针的指导下，现代园林又具备改善城市生态，保护生物多样性，提供游憩避灾场所，宣传历史文化等多重功能。同时，满足广大游人求知、求乐、求美、求奇、求健的要求。还有，现代园林对博大精深的造园艺术进行了继承和创新，呈现出新的风貌。杭州的太子湾公园、广州的云台公园、北京的紫竹院公园等，达到了景观、生态、意境、服务、文化的统一，可作为现代园林的代表。

第二节　公园的分类

一、综合性公园

我们说城市公园是城市园林绿地系统中一个组成部分，综合性公园是城市公园系统的重要组成部分。它不仅为城市提供大面积的绿地，而且可以为市民提供休闲、娱乐和文化教育的场所。对城市的面貌、环保、文化教育、休息和游览都起非常重要的作用。

此类公园在我国的各个城市中最为多见，如上海的虹口公园，现称鲁迅公园，位于上海东江湾路 146 号。清光绪二十二年（公元 1896 年），上海公共租界工部局在界外的北四川路购得农田 237.288 亩，在此圈地筹建万国商团打靶场，由英国园艺设计师，根据英国格拉斯哥体育公园模式，建成"虹口娱乐场"。1905 年改建为虹口体育游戏场和打靶场。1922 年改名为"虹口公园"。虹口公园开了上海乃至中国现代体育运动的风气之先河。作为大型综合性体育公园，园内共有 1 个九孔高尔夫球场，75 片草地网球场，8 片硬地网球场，3 片足球场，5 片草地滚球场，还有曲棍球、篮球、棒球、田径等场地。根据工部局统计，民国 24 年（公元 1935 年），租界外侨总共才 3.8 万人，而仅在虹口公园一处直接参加体育活动的就达 86 103 人次，在虹口公园打高尔夫还要排队。1932 年 4 月 29 日在这里发生了震惊中外的虹口公园炸弹案。日军在虹口公园举行庆祝天皇诞生日的天长节大会。会间，韩国临时政府派独立党党员尹奉吉在主席台旁引爆炸弹，当场炸死日本派遣军司令白川义则、居留团团长河端贞次等，日本公使重光葵、总领事村井等均被炸成重伤，极大地震动了日本侵略军。至今园中还有尹奉吉义士的纪念亭。民国26年（公元1937年）八一三事变，公园部分建筑遭破坏，工部局面对日本势力的扩张，步步退缩，公园及靶场的建筑物被日军蚕食，到民国31年（公元1942年）9月，万国商团解散，靶场及公园全部被日军占领作为军用场地。1945年后改名为"中正公园"。1950年改回"虹口公园"。1927年，鲁迅从广州搬来上海，居住在虹口公园附近的大陆新村，直至去世。鲁迅生前一直来公园散步。1956年鲁迅逝世20周年前夕在虹口公园建鲁迅墓，建成后，鲁迅的棺椁由西郊万国公墓隆重迁葬到此。墓前草坪上有一尊鲁迅坐像。面容安详，目光深邃有神。墓碑上有毛泽东的亲笔题字——鲁迅先生之墓。墓碑下是安放着鲁迅灵柩的基椁，上面铺筑光洁的花岗石。两旁的两棵桧柏是鲁迅夫人许广平和他们的孩子周海婴栽种的。墓的四周环抱着翠绿的松柏、香樟、广玉兰等常青树和鲁迅喜爱的花木，整个墓区环境庄严肃穆。鲁迅墓是全国重点文物保护单位。公园内的鲁迅纪念馆是新中国成立后的第一个人物纪念馆，建于1956年。馆名由周恩来总理亲笔所题。纪念馆外形具有鲁迅故乡绍兴民间住宅的风格。馆内概括介绍了鲁迅先生的思想发展和战斗历程。1988年改名为"鲁迅公园"。园内有展览馆区、文娱活动区、瞻仰区、安静游憩区、各功能区都是以大面积的草坪为前景，衬托出各区的主景建筑。公园经百年的历史积累和不断改造建设，不仅保留了英国公园的分布形式，保留了南大门、饮水器等历史景观和紫薇等百年大树，而且糅合了中国造园艺术。

南昌市人民公园始建于1954年，占地328亩，共有植物195种，灌木8 263株，各种花卉2万余株，草坪22 807平方米，绿化覆盖率81.18%，年人流量90万人次。人民公园集文化、观赏、休憩、怡情、益智、娱乐、健身为一体的综合性公园，园内景点，星罗棋布，鸟语林里人鸟对话，其乐融融；园内，百年香樟绿荫如盖，井冈寒兰高雅清香，千年苏铁苍劲挺拔。百花山、荷花池、芙蓉廊、卧波桥、盆景馆、观赏温室、鱼水榭、灵泉古井、观松亭、映水厅，漫步人民公园，移步即景，花红柳绿。人民公园还有一段真实感人的故事。20世纪60年代，朱德总司令曾先后四次莅临人民公园视察并倡议兴建了兰室，赠送了近百盆名贵兰花，还亲自题写了人民公园园名及兰室横匾。现在兰室仍陈列着朱老总赠送的兰花名品，人们亲切地称之为"朱德兰"。人民公园的游乐设施有大型刺激性玩具激流勇进、勇敢者转盘、空中降落伞、遨游太空、冲浪飞车，有适合低幼儿玩乐的碰碰车、小火车、自控飞机、飞碟、海盗船，有适合儿童主动攀爬的组合玩具、植物迷宫。人民公园是市内植物品种最多的绿地，几十年来，各大专院校园林植物及相关专业的学生来此实习，也吸引了一批又一批绘画、摄影爱好者。最近几年，政府投资及公园自筹资金近千万，进行了全面改造，现在的人民公园是一座规划有序，风格鲜明，特色突出，功能合理，内涵丰富，景色宜人，游客满意的现代都市公园。

南京玄武湖公园位于南京东北城外，由玄武门和解放门与市区相连。湖周长约15公里，总面积达444公顷，其中陆地面积为49公顷，占湖水面积的九分之一。湖中有五个小洲（环洲、樱洲、梁洲、翠洲、菱洲），故又名"五洲公园"。各洲之间有堤桥相通。公园里建有儿童乐园、展览馆、露天剧场、动物园等。另外还设有食品商店、小饭馆、饮料部等供游人享用，这里湖水终年清澈，各洲碧草如茵，繁花似锦，风景如画。湖岸有南京最大的水上乐园和情侣园（又称药物园），环境幽静，风景迷人。它在六朝以前称桑泊，晋朝时称北湖，是训练水军的场所。历史上除了训练水军之外，它一直是帝王大臣们的游乐地，1909年辟为公园，当时称元武湖公园，还曾称五洲公园、后湖等。宋文帝元嘉二十五年（公元448年）五月，因见湖中有黑龙，便改名为玄武湖。明朝朱元璋建都南京后，曾在玄武湖建黄册库，储藏全国户口粮赋簿册。1911年玄武湖辟为公园。玄武湖公园是江南最大的城内公园。巍峨的明城墙、秀美的九华山、古色古香的鸡鸣寺环抱其右，是古都南京名胜古迹的荟萃之地，是南京市最大的综合性文化娱乐休息公园。

别具一格的广州流花湖公园1958年由广州市政府组织市民义务劳动所建，流花湖公园除保留原有的蓄水防洪功能外，还是集游览、娱乐、休憩功能为一体的大型综合性公园。公园名称——"流花湖"源于南越王朝宫内仕女凭栏撒花随水而流的典故。全园占地54.4公顷，其中水面面积占总面积的2/3，绿化面积占陆地面积88%。园中分游览休息区、娱乐活动区和花鸟盆景观赏区三个开放性区域，以棕榈植物、榕属植物、开花灌木及开阔的草坪、湖面与轻巧通透的岭南建筑物相互配合，形成亚热带自然风光。流花西苑内有英女王1986年访华时亲手种植的橡树，象征中英两国人民的友好情谊。近年来，公园加大对环境的投入和改造，新改造的主题各异的景区景点，如蒲林广场、农趣园、榕岛生态保护区、芙蓉洲等，与原有的特色景点葵堤红桥、浮丘、法兰克福玫瑰园、"盆景之家"西苑、广州的"小鸟天堂"鹭岛等，形成独特的岭南园林景观和生态环境，深受游人的欢迎。

二、专类性公园

上海植物园、杭州植物园、华南植物园、广州兰圃以及各大城市的动物园；专为儿童活动设计的儿童公园；为普及科学知识的科普公园，皆属专类性公园。

华南植物园由著名植物学家陈焕镛院士等创建于1956年，目前，华南植物园由三个部分组成。一是保育和展示区（植物迁地保护区）占地4 500亩，建有木兰园、棕榈园、姜园、兰园等30个专类园，保育植物种类1万多种；二是科研和生活区占地500亩，拥有馆藏植物标本100多万份的植物标本馆，以及国内一流的实验大楼等科研生活设施；三是建于1956年的鼎湖山国家级自然保护区占地面积17 000亩，为我国第一个自然保护区，也是中科院惟一的自然保护区和国家重点野外研究站，就地保育植物种类2 400多种。

华南植物园在生态学、系统演化植物学、植物资源与生物技术、园林园艺及科普教育等方面具有丰富的研究积累和人才优势。1954年以来，编撰出版了《中国植物志》、《中国植被》、《海南植物志》、《广州植物志》、《广东植物志》、《广东植被》、《热带亚热带退化生态系统植被恢复生态学研究》等专著300多卷（册）；发表论文4 000多篇（其中SCI论文近300篇）；重要科研成果350项；1978年~2004年共获各级科技成果奖励239项次；申请专利43件，授权18件。

与美国、英国、德国、澳大利亚、日本、泰国、新加坡等国家及香港、澳门、台湾地区的大学、研究机构和民间组织保持良好的科技合作关系；每年接待游客约50万人次；与世界100多个植物园（树木园）有种子交换业务。

2002年12月，中科院、广东省、广州市三方签订协议，按1:1:1比例，共同投资3亿元建设华南植物园。八个共建项目以"科学的内涵、艺术的外貌、文化的底蕴"为建设理念，以"人民满意、专家满意、政府满意"为目标，共建工程于2006年9月底全面竣工并对外开放。通过三方共建，华南植物园的基础设施、园林景观、科学内涵将得到根本的改善和升华，为建设亚洲乃至世界一流植物园奠定良好的基础。

三、纪念性公园

在各个革命时期和建国后的五十多年间，各地陆续修建了一批烈士纪念碑、纪念馆和烈士陵园。这些烈士纪念建筑物，在褒扬革命先烈，向人民群众和青少年进行革命传统教育，促进社会主义精神文明建设方面，发挥了重要的作用。随着我国"两个文明"建设的发展，烈士纪念建筑物还会有所增加。其中南京雨花台烈士陵园、广州起义烈士陵园、长沙烈士陵园等纪念性公园，是其中著名的景点。

广州起义烈士陵园是为了纪念在 1927 年 12 月 11 日广州起义中牺牲的革命烈士而修建的，于 1954 年建成。坐落在广州市中山三路红花岗上，分陵和园两部分。陵区有正门门楼、陵墓大道、纪念碑、烈士墓、叶剑英纪念碑等。园区为园林式布局，在湖光潋滟、绿树红花掩映之下，散落着"血祭轩辕亭"、"中朝人民血谊亭"和"中苏人民血谊亭"三座各具特色的纪念亭。园区内还设有其他活动场所，是集纪念、游览、科普于一体的教育园地。

四、其他

城市中的公共绿地、绿化带、街心花园、居住区内的绿地等，此类公共绿地并适当的配以厅、廊、桥等园林建筑小品，既可以提供城市人口游憩空间，又可以美化城市和改变城市小气候。同时弥补了正规公园需求不够的情况。另外还有体育公园、森林公园、文化公园等不同使用要求的主题公园。

第三节　我国公园规划的特点

公园是我们城市环境和风景中的积极因素。设计合理的公园是整个城市中一笔宝贵的财富。公园不仅是让人们呼吸新鲜空气、享受自然以及娱乐放松自己，也应该是一个结交朋友的场所。好的公园能够成为整个城市的骄傲。目前我国城市公共环境空间发展迅猛，随着城市现代化建设的飞速发展，城市市民对于公共空间的物质和精神需求日益提高，城市公共环境空间设计项目日益增多，同时城市公共环境空间随着社会经济的发展而产生了许多转变，使得设计者必须不断创新，设计出来满足现代城市生活需要的城市公共环境空间。继承才能创新，由此我们总结一下建国 50 年来我国南北方园林的发展历程及其规划划特点。

1. 利用得天独厚的自然条件

我国南方公园，由于得天独厚的自然条件，丰富的水源和品种多样的植物，形成自然为主，小巧玲珑的自然式公园。重点突出了江南城市园林的风貌，继承和发扬我国造园艺术的传统，突出城市综合性公园的现代文化功能，增强了公园的吸引力，获取良好的经济效益，环境效益和社会效益。

2. 与历史文化古迹结合

与历史文化古迹相结合，形成公园不同的特点。如南京的莫愁湖公园，本是南京著名古典园林，是融合六朝文化为一体的风景名胜公园。解放后加以修复、改建，现已形成为公园水陆面积 58.36 公顷，主要景点有莫愁女故居、胜棋楼、抱月楼、粤军烈士墓、海棠专类园、水榭、湖心亭、中日友好鸢尾园等著名现代公园。2004 年，南京市政府批准《莫愁湖公园总体规划》，规划时将公园定性为展示历史文化、古典建筑的风景名胜公园。规划目标以"名人、名园、名花"为特色，做大、做精古典园林，拓展莫愁女、胜棋楼等历史文化内涵，建成在全国具有较高知名度的旅游景点和综合性文化公园。

3. 功能分区明确

我国公园的另一特点是有明确的功能分区，如武汉中山公园。中山公园是全国百家历史名园之一，始建于 20 世纪初，经过几代人的艰辛创业，已成为集游览、观赏、文化、娱乐、饮食、游艺等多项服务功能于一身的大型综合性公园。中山公园占地 32.8 万平方米，其中水上面积 6 万平方米。绿地率 91%，古树名木 140 株。功能分前、中、后区。其中西合璧的园林风景，淳朴隽永的人文景观一直受到广大游人的赞誉。

4. 游人规律与组织

南方公园与北方公园的游人规律具有明显的不同特点，如杭州，公园的游人量在春、夏、秋季有明显的高峰，而哈尔滨的公园，游人量高峰往往是在夏、冬季，这主要体现了气候的不同，形成了不同的游人规律。因此，就要根据不同的季节、时间、天气等，公园的总体设计布局、功能要求都有所不同。

5. 绿化配置

一说到园林中的植物，人们很容易联想到杭州城中的三秋桂子、十里荷风，北京香山的红叶，这些著名的植物景观已经和城市的历史文脉紧紧联系在了一起。植物总是可以记载一个城市的历史，见证一个城市的发展历程。市花市树是一个城市的居民广泛喜爱的植物品种，也是比较适应当地气候条件和地理条件的植物。它们本身所具有的象征意义也上升为该地区文明的标志和城市文化的象征。如上海市的市花是白玉兰，象征着一种开路先锋、奋发向上的精神；广州的木棉，素有英雄树之美名，象征蓬勃向上的事业和生机；还有杭州的桂花，扬州的琼花，昆明的山茶，泉州的刺桐都具有悠久栽培历史、深刻文化内涵的植物。乡土植物是最能适应当地自然生长条件的，不仅能达到适地适树的要求，而且还代表了一定的植被文化和地域风情。如椰子树就是典型南国风光的代表，而在北方城市白杨树则永远默默地代言它的无畏精神。在广州、珠海、深圳、惠州等南方城市，其得天独厚的自然条件给予了城市颇具特色的植物景观，如各类大花乔木、棕榈科植物、彩叶植物、攀援植物、宿根花卉、地被等，这些生长良好、品种丰富的植物为城市多样化的植物配置提供了有利条件。我们从一个城市的植物景观上，不仅能看出一个地方性格和身份，同样能看出一个地方时代文化的特征，或地域文化特色。城市文化的特征之一是地域性，而乡土植物就是能够反映本地地域特征的文化要素之一。

6. 公园建筑特点

现代公园中的建筑与我国古典园林中的建筑不同之处是：我国古典园林，特别是私家园林，建筑常常形成园中的主题，建筑占很大的比重，古典园林不仅是休息娱乐的地方，同时也是起居的地方，而公园中的建筑则基本上是专供游憩服务之用，建筑不是以多取胜，而是以与植物配置、山石、水面密切配合协调，方能取得较好的效果。

7. 新时代中国园林的发展

我国现代公园经过近百年的发展，可以说已经具备了我国自己的特点，但在社会高速发展的今天，继承和发展格外重要，机遇与挑战要求我们在古今中外皆为我所用的原则指导思想下，进一步形成有中国特色的现代化园林体系。

主要参考文献

［1］周维权. 中国古典园林史. 北京：清华大学出版社，1990.

［2］安怀起. 中国园林史. 上海：同济大学出版社，1991.

［3］彭一刚. 中国古典园林分析. 北京：中国建筑工业出版社，1986.

［4］刘敦桢. 苏州古典园林. 北京：中国建筑工业出版社，1979.

［5］文丐. 中国古典园林. 中国结构论坛　网上资料.

备注：另部分图片采用互动维客、互动百科社区网友上传图片，其他部分苏州园林图片来源于网上各论坛及网友上传资料，在此一并表示感谢！